本书由浙江农林大学学术出版基金资助

历史大趋势：无人化社会

章笑力　著

苏州大学出版社

图书在版编目(CIP)数据

历史大趋势:无人化社会/章笑力著.—苏州:苏州大学出版社,2014.10
ISBN 978-7-5672-1094-3

Ⅰ. ①历… Ⅱ. ①章… Ⅲ. ①科学技术－影响－社会发展－研究 Ⅳ. ①G301

中国版本图书馆 CIP 数据核字(2014)第 241954 号

历史大趋势:无人化社会
章笑力　著
责任编辑　李　兵

苏州大学出版社出版发行
(地址:苏州市十梓街 1 号　邮编:215006)
苏州工业园区美柯乐制版印务有限责任公司印装
(地址:苏州工业园区娄葑镇东兴路 7-1 号　邮编:215021)

开本 850 mm×1 168 mm　1/32　印张 4　字数 100 千
2014 年 10 月第 1 版　2014 年 10 月第 1 次印刷
ISBN 978-7-5672-1094-3　定价:25.00 元

苏州大学出版社营销部　电话:0512－65225020
苏州大学出版社网址　http://www.sudapress.com

目　录

序　言

研究社会历史的发展是历史学的一个重要课题,也是众多学者进行研究的课题。沃尔夫通过对社会历史的研究认为,社会历史从家族秩序的生产方式、纳贡(封建)的生产方式发展至资本主义生产方式。沃勒斯坦认为,社会历史从微型体系、世界帝国发展至世界经济阶段。麦克尼尔认为,社会历史从前文明、文明、相互联系的文明发展至全球文明。霍奇森认为,社会历史从农业时代走向技术时代。布赞与利特尔认为,社会历史从前国际体系、相互联系的国际体系发展至全球国际体系。

马克思认为,随着社会经济形态或者说经济关系的变迁、更替,整个社会不断向前发展。也就是说,生产力的发展不可避免地导致历史的发展或者说社会的发展。就此,马克思说,"我的观点是:社会经济形态的发展是一种自然历史过程"①。对这种自然历史进程,马克思进一步给出了具体的发展阶段,即"大体来说,亚细亚的、古代的、封建的和现代资产阶级的生产方式可以看作经济的社会形态演进的几个时代。资产阶级的生产关系是社会生产过程的最后一个对抗形式……因此,人类社会的史前时期就以这种社会形态而告终"②。随着对原始社会的深入研究,马克思和恩格

① 马克思,恩格斯. 马克思恩格斯全集(第23卷). 北京:人民出版社,1972:12.
② 马克思,恩格斯. 马克思恩格斯选集(第2卷). 北京:人民出版社,1995:33.

斯用原始公社取代了作为过渡形态的“亚细亚生产方式”。同时,马克思还对下一阶段社会的发展作出了自己的判断,即未来是社会主义社会和共产主义社会。不仅如此,马克思还从另一个角度对这种自然历史的进程进行了阐释。他说:“人的依赖关系起初完全是自然发生的,在这种形态下,人的生产能力只是在狭窄的范围内和孤立的地点上发展着。以物的依赖性为基础的人的独立性,是第二大社会形态,在这种形态下,才形成普遍的社会物质交换,全面的关系,多方的需求以及全面的能力体系。建立在个人全面发展和他们共同的社会生产能力成为他们的社会财富这一基础上的自由个性,是第三个阶段。第二个阶段为第三个阶段创造条件。”①

本书不同点在于,它着眼于技术与社会、人的关系来研究社会历史的发展。我们知道,科学技术的迅猛发展特别是建筑在科技基础上的工具的发展,对社会的发展产生了越来越深刻而广泛的影响。当人类制造出最初的工具——石器,人类社会就形成了最初的比较规范的群体组织。当人类掌握一定的科技知识,制造出了较好的工具——青铜器和铁器,人类社会就形成了更为有力的社会。这一时期的社会还都建筑在人力基础上,是一种完全人力型社会。当人类创造和拥有更多的科技知识,制造出较为先进的动力工具时,人类社会就逐步脱离开人力,当然,不是完全脱离,是一种半人力型的社会。这一时期的社会远较建筑在无动力工具基础上的社会更为发达。可见,科技以及工具是推动社会变革的基础,是促进社会发展的主动力。在某种意义上说,有什么样的科技与工具就有什么样的社会。

既然如此,站在新的历史起点,就要深入研究科技发展的趋势,这样才能更有助于把握社会发展的脉搏。面对科技发展之林,

---

① 马克思,恩格斯. 马克思恩格斯全集(第46卷). 北京:人民出版社,1972:104.

那么，究竟是什么样的科技才会促进社会的变革呢？是远望星系的天文学？它也许能为人类迁徙别的星球奠定基础，但这也许不是接下去的几百年所能做到的。是能源科技特别是核能科技吗？核能科技为人类提供清洁而持续不断的能源，减少对环境的影响，改善人类的生存环境，但是，它也不会对社会发展有全局性的影响。本书认为，信息科技、纳米科技和机器人科技交织形成的无人化科技以及与之关联的脑科技是深刻影响社会全局性发展的科技。因为无人化科技的发展意味着它能创造无人化的生产、研发和设计工具，这必将取代人类工作，包括设计、管理、生产、战争甚至是基本的研发等，引发社会的革命性变革。可见，无人化科技对社会全局性的影响是其他科技难以比拟的，必将对人类社会各个方面的变化产生重大而深刻的影响。或者说，无人化科技将推动社会向无人化社会发展。这是一个不以人的意志为转移的发展趋势。

由于无人化相关技术处于一个不断发展深化的过程中，因而，对人力的完全替代也是一个不断推进深入的过程。根据这一特点，我把人力完全替代型社会或者说无人化社会分为两个阶段，即低级无人化社会和高级无人化社会。低级无人化社会产生了一个个初步一体化的整体，这些一体化的整体组成了大的联系较为紧密的社会体系。此时，人力在众多社会领域中被“清退”出来，人类在某种程度上变成了“旁观者”，而不再是处于其中的“当局者”。当然，由于技术的局限性，人类并非完全从中彻底地退出来，有些领域还不能脱离开人类。到了高级无人化社会，则更进一步。它是一个高度体系化的社会或者说是高度一体化的社会，是一个无人化程度极高的社会，甚至完全无人化的社会，是一个高度分布性、精确化的社会，是一个与自然高度契合的社会。另一方面，在低级无人化社会，人的自由平等得到了很大的发展。到了高级无人化社会，国家消亡了，社会赋予人完全的自由和平等，是一个“自由人联合体”。

上　篇
历史:有人化社会

一部人类历史就是一部以去人化为特征的社会发展史,或者说就是一部以人力包括体力和智力被替代为特征的社会进化史,抑或者说是向着无人化社会迈进的历史。

人类与动物有着很大的不同,其最大的区别是人类有高级智慧,能创造发明新事物,发现新的存在,并能制造各种简单和复杂的工具(工具就其本质来说是科技的凝聚,什么样的工具反映了什么样的科技,或者说工具在某种意义上是一个时代科技的标志。而一般来说,推动工具进步的科技对人类社会的发展具有全局性的影响)。这里所说的工具不仅仅局限于生产工具,还有研发、设计之类的工具,以及其他深入人类各方面生活的工具。当然,最初的工具还只是用于生产生活之中,更高级的工具是随着科技的不断发展才得以出现。工具一被制造出来,就被用于辅助增强人力特别是体力方面的功能。也就是说,工具的产生和人力存在着密切的关系。随着工具的不断进步,它与人力之间的关系越加明显,也不断在发生变化,即逐渐从辅助人力转向替代人力,从而推动着社会发生巨大而深刻的变化,即从有人化的社会发展到无人化社会,或者说从完全人力型社会经由半人力型社会发展至人力完全替代型社会。

第一章　有人化社会Ⅰ:完全人力型

当人类在这个世界出现时,最初的人类社会没有任何物质、技术和精神基础,有的只有人本身,完全依赖人力,是纯粹的完全人力型社会。在最初的完全人力型社会或者说初级完全人力型社会,人类所掌握的知识非常有限,或者说几乎是零,也没有所谓的科技,只能制造一些非常简单的工具譬如木棒和石器等来辅助自己的劳动,保护自己,从而确保自身在凶险的外界环境中生存下去。很明显,这一时期的科技几乎没有,工具也很简陋,也只是为了辅助人类的劳动,在一定程度上增强了人类的能力,而不可能也没有取代人力,并缓慢地推动着社会向前发展。不仅是这一时期,在接下来很长的时期里,或者说高级完全人力型社会,人类社会还是人力占主导地位,人类所制造的工具和所利用的自然力仅仅是起到辅助作用,没有对人力形成多大的“威胁和挑战”。当然,这一时期,科技得到了一定程度的发展,比先前的原始时代有了很大的进步,并且,这些工具也在较大程度上延展了人类自身的能力,减轻了人类的劳动负担,为推进社会的变革和发展奠定了一定的基础。但是,总体而言,科技是不发达的,工具也并不复杂,对人力只是起辅助作用,对社会发展的推动作用也比较有限。

在初级完全人力型社会阶段,人类最初对外界是一无所知,对自然的改造和利用充满盲目性。这一时期,人类大多时候以利用天然材质和自然食物为主,以此满足最基本最简单的生存需要。他们自发地在生产生活中去利用一些天然的材料来制造工具,石器就是最早被人类加以利用和改造,并成为最先用于生产生活中的工具。人类在食用大块的植物性食物或者肉类时,感到很不方便,有必要将它们进行切分后再食用。他们发现带有锋利边缘的石块切割植物块茎和肉类比直接用手撕扯有效,但是,这样天然的石块不是处处有。于是,人类就开始试着加工石块,制造石器,以辅助人力来处置食物。他们在加工过程中,逐渐发现一些石块相对比较容易加工,譬如砾石、石英石、黑曜石和燧石等。起初人类加工石块的方法也十分简单,采用了手工打制的方法,或用石块砸石砧,或用石锤敲击石块。这种打制方法随意性很大,打制出来的石器一般非常粗糙简单,形状也不规则。但是,它基本上能形成一定程度的锋利边缘和尖锐形状,有助于辅助人力,促进原始生产生活水平提高。在使用的过程中,人类逐渐发现形状规整的石器相较不规则的方便使用,能更有效地辅助人力,并提高劳动效率。于是,人类便尽量把石块敲击成规整的样子,制造出了小型尖状器、刮削器和砍砸器等。人类还发现一些细小精致的石器可以更好地满足生产生活的需要。于是,就琢磨制造出细石器,如端刮器和雕刻器等。随着对石器的制作要求不断提高,人类发明了一种新的加工石器的方法——磨制石器。最初只是局部磨制,如磨制锋刃,后来发展到整个石器的磨制。这种通过磨制方法来加工石器,使得石器的锋刃更锐利,握把更光滑,功能也进一步专门化,而且,也能和木器、骨器结合起来共同使用,进一步增强了人力的作用,改善了劳动条件,提高了劳动效率,促进了原始农业的发展。

骨器作为一种天然的材料,也成了人类制造和使用较早的另一种劳动工具。人类在制造石器的同时,还学会了加工骨器。由于动物骨头和石块有着显著的区别,它不像石块那么坚硬,有一定的韧度和锐度,因而,可以制造成长而尖或细而尖的物体,充当复合工具的头。人类采用磨制和钻孔技术,把骨头制成种类繁多、制作精良的骨、角制品,主要有投枪头、鱼镖、标枪、锥、针和装饰品等。这些骨、角制品在生产生活中对石器起到了有力的补充,弥补了石器工具的不足,大大增强了人力的作用。如尖部锋利的投枪头、鱼镖、标枪等骨、角制品与木器组合,提高了狩猎的效率,保障了人类的食物供应;骨针能够缝制皮衣,增强了人类御寒能力,扩大了人类活动的区域;钻孔兽牙等装饰品则丰富了人类的精神生活,进一步脱离动物性生活。

虽然火并不是工具,但它对促进人的基础进化,增强人在自然中的改造能力都有较大的作用,或者说对最初社会的作用很大。火在自然界是常见的,火山爆发、雷击树木等都会产生火。人类利用火完全是偶然的,火的利用是人类第一次对自然力量的利用,准确地说是对化学力的驯服和利用。它改变了最初人类生产生活的方式。首先,学会用火使人类的饮食习惯发生了变化,由生食改为熟食。熟食不仅有助于吸收营养、缩短消化过程,促进大脑的进化,而且还扩大了食物的来源,使一些以前不可食用的动植物可以食用了,如鱼类。其次,学会用火可以帮助穴居的人类驱除洞穴中的潮湿,减少疾病,降低死亡率,而且,洞外的火堆还可以驱走夜晚来袭的食肉动物,增强了人们的安全感。再次,火还带来了光热,延长了劳作的时间,可以在夜里和严冬劳动。最后,火又拓展了人类的生存空间,使得原先只能生活于热带和亚热带的早期人类可以在温带和寒带生活了,这有助于摆脱人口增长或原居住地区食物减少带来的危机。由于火对于人类生存的重要性,人类产生了人工取火的强烈需要和愿望。人类在加工石器和木器过程中,就已经发现有火星产生,会发热冒烟。于是,人类利用燧石相击的方法引燃易燃物,或者以木木摩擦而生火。人工取火方法的发明促进了火的普遍使用,使得人类走出了“茹毛饮血”的时代。

很显然,人类最初时代的工具以石器为标志,它一方面昭示着这一时代科技和生产力的极端低下,说明人类改造和利用自然的能力非常弱小;另一方面,科技的低下使得制造出来的工具非常简陋,导致它在生产生活中发挥的作用非常有限,或者说延伸人力的作用非常有限。科技的低下使得人类只会采摘天然的果实或渔猎来维持生计,同时,工具的简陋使得原始群或氏族公社还必须在有限工具力的基础上依赖人力来完成生存所必需的各种生产劳动。这种几乎完全依靠人力来完成的各种生产劳动使得整个社会的劳动效率非常低下,劳动产出非常有限,同时,也使得人类能够在最初的险恶的环境中生存下去,当然是非常艰难的生存。这种几乎完全基于人力而造成的可怕的生存状况也使得群体成员必须共同劳动,共享劳动成果,共同抵御外界的侵袭。否则,群体组织就可能崩溃,就不可能在恶劣的外界环境中生存下去。

低下的产出、巨大的无知和对险恶外界环境的极度无奈,使得最初的群体非常弱小,以至于整个群体经常遭遇灭顶之灾。在这样一个完全依赖人力的社会,为了群体的生存,需要不断增加人口数量,才能推动群体规模的扩大,壮大群体的力量,从而在与自然的对决中不至于处于令人绝望的境地。因此,人类在认识到血缘禁忌后,群体人口的数量得到了较快的增长,群体规模也得到了较大的扩大,使得群集起来的人力达到了一定的程度而能抵抗外界的侵袭。同时,随着人口数量的增加,人力产出也大为增加,反过来又可以养活更多的人,促进了群体组织的良性循环,也使得人类可以有一定的自信来面对险恶的自然。可以说,有了血缘禁忌,劳动力的产出相对比较顺利,群体组织也就发展得更好。劳动力对以人力为基础的群体组织来说十分重要。不得不说的是,为了更好地将血缘禁忌贯彻于群体生活,规范群体成员的行为,产出合格健康的劳动力,更有效地进行人力生产,也更好地促进人力型群体组织的健康发展,人与人之间的天然的纽带——血缘关系被用于改造、组织和稳固群体组织,形成了人类社会最初的比较规范的群体组织——氏族公社。利用血缘关系来创建群体组织是社会发展的必然,脱离最初的这种天然联系就不能组成新的群体,也就无法更好地生存。当然,这也是在工具发展基础上的人为选择,是人能动的结果,人在此发挥了重要作用。氏族公社建立在血缘纽带上,以狭隘的平等为主要特征。这是石器时代面对面社会的一个主要特征。在母系氏族公社,血缘纽带成为了确认本氏族成员的决定性条件。所有有血缘关系的男子和女子就都生活在自己的氏族内,和该氏族没有血缘关系的人就被排斥在氏族之外。由于女性对子女拥有亲权,世系按照母系继承。所有相同血缘的男子和女子享有基本平等的氏族权益。在父系氏族公社,利用血缘关系巩固群体组织的做法依然没有改变。不过,由于男性在生产劳动中地位的重要性,世系按照父系血缘计算,氏族男性成员的子女均留在本氏族内,女性成员的子女也归属于父系的氏族,继承权归于男性。氏族内的血缘平等也还是被很好地保存了下来。而对于没有血缘关系的人,则不允许留在氏族内,也不会对他的一切包括生命加以保障。不仅如此,由于并未突破完全依赖人力的限制,劳动效率还是比较低,劳动产出还是比较有限,因而,在氏族公社,氏族成员还是一起劳动,共同拥有劳动产品和生产资料,所有的财产由氏族集体继承,任何人都不得私自支配或单独继承。

随着人口数量的不断增加,以人力手段采集和渔猎到的天然食物开始变得无法满足人类的需要,或者说人口数量超越了该区域食物供应的极限值。面对新的威胁,要么让一部分人迁徙到外面,要么改变经济产出方式,否则,人类又要因自身的因素而引发新的生存危机。此时,由于火的发明,人类已能前往更为寒冷的北方生产生活。于是,一部分人就迁徙至北方地区。不过,这终究不是最终的解决之道。如何在有限的工具力的基础上解决人类新的生存危机呢?关键就是要转变经济产出的方式,不能完全依赖大自然的赐予。此时,人类已在长期采集可食性植物的过程中,逐步了解了它们的生长条件和生长规律,并摸索出栽培的方法。在狩猎过程中,圈养一些捕捉到的暂时不吃的活的野兽或小动物,积累起关于驯养它们的经验。另外,正如上面所言的,生产工具的进步使人类能够制造更为锋利和合用的磨制石器,为即将到来的农业生产准备了必要的劳动工具。总之,新的知识的获得和生产工具的进步导致原始农业和畜牧业的产生,推动着以人力为基础的经济方式的革命性变革,即“从靠现成天然产物为生转向利用天然产物,使之增产”①,或者说从攫取性经济进入到生产性经济,从而大大缓解了这种生存危机,并推动着社会向前发展,即以人力为基础的生产性经济的出现导致剩余劳动产品的出现,从而为进入文明社会创造了必要的物质条件;也为私有制和阶级的产生奠定了基础。

进入高级完全人力型社会后,随着人类认识和改造自然能力不断增强,人类已不满足于只是简单地制造石器,而是开始制造更有技术含量、更为坚硬的工具——青铜器和铁器。与石器和骨器直接利用天然材质不同,铜器和铁器的制作是人类利用化学变化来改变物质的天然性质。人类早在制造石器过程中就已经接触到纯铜块,发现天然的纯铜很软,按照加工石器的方法,将其锤锻、打磨,就能制成各种小饰品。从铜矿石中炼取红铜或许是出于偶然,人类有可能将孔雀石等铜矿石和以木炭为主的燃料一起燃烧,炼取出红铜;也有可能孔雀石掉入木炭中燃烧,从而获得红铜。红铜的炼取标志着人类在利用和改造自然上迈上了一个新台阶,也意味着人类开始摆脱只会利用天然材质的局限,转而走向创造人工材质的无限可能。但是,人类在使用红铜的过程中发现红铜有一个很大的缺点:坚硬度不如石器,无法用作工具,只能用作装饰。为了制造适用于生产生活所需的铜质工具,人类在冶炼过程中发现把红铜和适量的锡或铅熔铸在一起,就可以制造出坚硬的铜器,即青铜器。这样,青铜器就被发明出来。青铜器比较坚硬,易于锻制,被用于制造生产工具、生活器具、武器和装饰品等。人类进入了一个新的时代——青铜器时代。但是,需要说的是,青铜器并未完全淘汰落后的石

---

①　安家媛,安家瑶.世界古代前期科技史.北京:中国国际广播出版社,1996:33.

器,石器完全被淘汰则是在铁器出现以后。

人类在制造青铜器的同时,就已经知道铁。不过,此时人类所认识的铁多为陨铁,而非人工铁。由于铁矿石冶炼融熔温度达到摄氏一千度以上,故人类很长一段时期无法对它锻炼。但是,铁器坚硬、韧性高、锋利,这些都是石器和青铜器无法比拟的。于是,人类从偶然熔化铁矿石中不断摸索,慢慢地发明了冶铁技术,制造出合乎生产生活需要的铁器。铁的高硬度和铁矿的高蕴含量,使得铁相对青铜来说制造成本更低,使用范围更广,很快铁的需求远远超过了青铜。铁器发明后短时间内得到了广泛普及,名正言顺地取代了青铜器,并淘汰了落后的石器。铁器的发明和广泛使用,意味着人类制造工具进入了一个全新的阶段和崭新的高度,也标志着人类改造自然的能力有了较大的提高。人类开始进入到一个崭新的时代——铁器时代。需要说的是,人类最早在公元前1400年左右学会冶炼铁,是小亚细亚东部山地的赫梯人。随着赫梯王国灭亡,冶铁技术流向与赫梯临近的今巴勒斯坦、叙利亚和希腊地区。以后,冶铁技术经由叙利亚传入两河流域、中亚和北非,又通过希腊传到欧洲其他地区。

青铜器特别是铁器的发明和使用虽然并未取代人力在生产生活中的主体地位,它们所起到的作用还是与石器一样,即作为辅助的工具而存在,但是,这种辅助作用的程度是石器所难以比拟的,它们已经达到了一个新的高度,即人力与新的更有效的生产工具相结合(似乎是贴身一般,可以视为低级接触型生产方式),在一定大程度上减轻了人力的负担。特别是铁器结合畜力使用更是大大减轻了人力负担,并提高了劳动生产效率和劳动产出。另一方面,青铜器特别是铁器的使用以及牛耕的推广所导致的生产力的提高使得单个农户家庭可以养活自己,而不需要再通过共同劳动的形式来产出满足自身生存所需之物。于是,私有制顺其自然地取代了集体所有制。应该说,私有制的产生是历史发展到一定阶段的产物,也是历史进步的体现。这种进步不仅体现在生产过程中生产工具的升级换代,也表现在劳动者的生产积极性和劳动效率即产出水平上。这一时期由于生产资料以土地为主,因而,土地私有制成为私有制的主要表现形式。如在古希腊和罗马时期,基本的土地所有制形式为大土地和中小土地私有制。到日耳曼入主西欧并封建化后,发展为领主土地私有制。又如在古代中国,自井田制废除后,土地私有化得到了国家的承认,地主土地所有制和自耕农、半自耕农土地所有制是主要的土地私有制形式。

青铜器特别是铁器的使用虽然导致了生产力的提高,但是,这种生产力的提高只保证了生产的自给自足性,即每一个劳动单位的生产活动基本上只能保证劳动者自身的物质生活需要。以家庭或庄园为生产单位是其普遍的生产模式。如古代中国的小农经济采取以家庭为生产单位、耕织结合的模式,一个家庭就是一个自给自足的经济单位,它自备生产工具,在租佃或自有的小块土地上进行农业生产,并辅之以家庭手工业生产,生产自己需要的绝大部分的生活资料。除盐铁之外,这种小规模的生产模式基本上做到了自给自足。虽然小农生产在土地的买卖兼并中始终处于不利的地位,但在兼并中形成的大土地所有制并未采用规模经营土地的方式,而仍旧采用分散佃耕的方式,即把土地分成小块租佃给农民,农民依旧采用小农经济模式生产。再如在中世纪的欧洲,分封获得领地是获取土地的唯一方式,封臣对土地拥有世袭占有权。农民与领主结成依附关系,农民在受到领主保护的同时,也以自己的劳役为领主尽各种义务。农民在领主庄园里生产满足领主和农民自身日常生活需要的农产品和一般的手工业产品,而无需与外界进行商品交换,形成了一个相对封闭的自给自足世界。

由于青铜器特别是铁器的发明和使用只是在一定程度上增强人力的作用,推进了生产的发展,但并未改变生产的人力性质,因而,对人力加以投入依旧是发展生产的重要途径。古代中国西汉文景之治到汉武帝,东汉光武中兴到和帝,唐贞观之治到玄宗前期,明太祖到成祖,清康熙之治到乾嘉盛世都是人口众多、生产大发展的时代。西汉经过文、景推行恢复社会经济的措施后,到平帝元始二年(公元 2 年)有户 1223 万余,人口 5959 万余人,比西汉初骤增十倍。东汉初,全国农业人口约 1200 万到 1800 万,经过休养生息,到了和帝元兴元年(公元 105 年)达 5325 万余人,几乎接近西汉的最高水平。唐初人口当在 1500 万之数,经贞观之治,到玄宗天宝十四年(755 年)达到 5300 万人,增 3 倍多。明初,太祖成祖间(1368—1424 年)人口约为 1 亿 1000 万。清康熙五十八年(1719 年)约 1 亿,乾隆六年(1741 年)约 1 亿 4000 万。[①] 农业人口增殖的同时,开垦田亩数大增,社会经济发展迅速。东汉和帝元兴元年(105 年)有田 7 亿 3200 万余亩;唐玄宗开元十四年(726 年)1 亿 4000 万余亩;明太祖洪武十四年(1381 年)3 亿 6600 万余亩,神宗万历三十年(1602 年)1 亿 1600 万余亩;清世祖顺治十二年(1655 年)3 亿 8700 万余亩,圣祖康熙六十年(1721 年)7 亿 3500 万余亩,世宗雍正二年(1724 年)8 亿 9000 万余亩。[②] 而反映国家经济水平的全国粮食总产量也不断创新高,西汉时达到 320 亿斤,唐时达到 595 亿斤,宋代为 1284 亿斤,1840 年左右则达到了 2500 亿斤。[③] 相反,当农业人口剧减,经济就会急速倒退,乃至濒于崩溃。

青铜器和铁器不是自动工具,它们的使用都需要依赖人,因而,给予劳动者一定的自由,提高他们的生产积极性,也成为促进生产发展的主要方式。在青铜器时代,随着私有制的发展,劳动力

---

① 转引自钟庆梁. 古代农业人口演变之联想. 古今农业,1995(3).

② 梁方仲. 中国历代户口、田地、田赋统计. 北京:中华书局,2008:6、10、12、14、16.

③ 刘方健,史继刚. 中国经济发展史简明教程. 成都:西南财经大学出版社,2001:37-39.

开始以一种畜力的形式而存在。奴隶无偿为奴隶主劳动，他们没有人身自由，生命得不到保障，常被奴隶主任意买卖、处罚或杀害，如同牲畜般。古罗马著名学者瓦罗就把奴隶看作是会说话的工具，由此不难看出奴隶连人的资格都没有。原以为这种不把奴隶当作人看待的方式会促进生产的发展，但事实并非如此。奴隶普遍没有生产积极性，他们消极怠工、逃亡、破坏生产工具、虐待牲畜或杀死个别穷凶极恶的奴隶主，导致生产效率下降，即便在奴隶主的监视和强制下劳动，也是如此。随着铁器的发明和使用，生产力有了一定程度的提高，也由于认识到非人道对待人力不可行，这种残酷压榨人力的方式逐渐被稍微具有人道的剥削方式所取代，即减少人力的依附性，给予他们以一定的自由，从而来提高他们的积极性。如在古代中国，随着农民对领主的依附性不断减弱，他们获得了相应的人身自由。虽然农民与此后占有土地的地主发生关系，但是，这种关系不是原先的依附关系，而是一种因经济利益而结成的契约关系。农民只要缴纳一定数量的地租，就可以自由支配自己全部的劳动时间，并有权自由处理除地租以外的剩余劳动产品和必要生活资料。这极大地调动了农民的生产积极性，使劳动产出有了较大的提高。

自生产性经济出现后，随着生产工具的不断进步和投入人力的增加，剩余产品不断增多，社会也出现了分化，逐渐分成统治阶级和被统治阶级。为了维护在社会中占据的统治地位并通过这种有利的地位获取剩余产品（或者说权益），统治阶级开始借助于发明出来的青铜武器来建立暴力机关，或者说利用青铜武器来武装维护统治地位的军队，以此镇压反抗的被统治者，确保统治者自身的利益。于是，一种以暴力作为后盾的共同体——国家共同体产生了。正是借助于国家暴力统治机器，青铜器和铁器时代的统治者不断加以巩固自己的统治地位，也不断加深对被统治者的奴役，或者说不断扩大社会的不平等性，并固化这种不断扩大的不平等性。也就是说,建筑在血缘基础上的以当权者为本、不平等和人身控制为这一时期的主要社会特征,表现为专制权力的至高无上性、社会等级制度和严厉的人身控制。这鲜明反映了人力时代的统治特点,因为只有借助人力社会固有的血缘关系和神化的权力组建新的社会,才能突出在上者的地位和控制在下者的流动,才能维护建筑在人力经济基础上的分散型(国家由分封的领地或郡县等组成一个不严密的整体)的刚性社会秩序,才能确保以人力为基础的生产性经济的存续,否则,社会将处于分崩离析的状态,经济将陷于崩溃的边缘。

首先,专制权力至高无上,不受任何约束。君主具有绝对的、无限的权力,集立法、司法、行政、军事指挥和宗教大权于一身,不受任何法律和其他权力机构的限制;国家的一切重要政务皆由君主一人裁决,君主对臣民拥有生杀予夺的权力。如在古埃及,"法老作为古埃及的专制主义统治的君主,具有法律、行政和财政等一切方面的无限的权力,实行以个人意志为转移的一人的绝对的统治"①。一是法老掌握着立法权,通过制定法律把自己的意志贯彻到每一个臣民身上,每一个臣民都要遵守他制定的法律,包括他的口谕和敕令。法老还会随着自己意志的改变而任意地对任何法规进行修改或废除。二是法老独揽司法权。一方面直接任命法官代表自己对案件进行审判,另一方面,死亡判决和特赦只能由法老亲自决定,别人是无权过问的。全国臣民的生死完全掌握在法老一人手上。三是法老还掌握着一切行政权,决定中央和地方官员的任免升迁。宰相维西尔虽主持日常政务,但没有决策权,还要每天向法老汇报国家要事。再如古代中国是专制主义最为典型的国家。夏商时,就借助武力讨伐不服王权统治的部族,以确立自己的权威不受损害。周王朝大肆分封姬姓诸侯国,它通过血缘宗法关

① 施治生,刘欣如. 古代王权与专制主义. 北京:中国社会科学出版社,1993:195.

系来确立君臣关系,保障周天子的权威。如果不服从周天子的领导,就要受到严厉的惩罚。“一不朝,则贬其爵;再不朝,则削其地;三不朝,则六师移之。”(《孟子·告子下》)秦始皇一统中国后,建立了皇权至上的权力结构。皇帝拥有至高无上的权力,国家的一切重要政务皆由皇帝一人裁决,不允许他人分享自己的权力,“天下之事无大小皆决于上”(《史记·秦始皇本纪》)。即君主集立法、司法、行政、军事指挥于一身,对臣民拥有生杀予夺的权力。自此后,历朝历代的皇帝无不紧握至高权力,唯恐大权旁落。如明太祖朱元璋时,“中外奏章皆上彻御览,每断大事,决大疑,臣下唯面奏取旨”(黄佐、廖道南,《殿阁词林记》卷九)。清康熙皇帝也说:“今大小事务,皆朕一人亲理,无可旁贷。若将要物分任于人,则断不可行。所以无论巨细,朕心躬自断制。”(《康熙朝东华录》卷九十一)要是有臣民敢怀疑、动摇乃至取代君主这种绝对的、唯一的、不可动摇的、无可替代和不可分割的权威,就会受到律条的严厉惩罚,乃至处以严酷的死刑。

其次,以人类固有的血缘关系来确定社会不同的等级,各等级之间界限森严,不容有任何的逾越。若有逾越,就会遭到严厉的惩处。如古代印度种姓制完全依据血缘关系来划分社会阶层,即血缘关系决定了社会成员的等级地位。在种姓制下,按照血统和肤色把社会成员分四个等级,分别为婆罗门、刹帝利、吠舍、首陀罗,它们之间的地位差距明显。其中,婆罗门和刹帝利是第一、二种姓,是四大种姓中的高种姓。吠舍和首陀罗是低种姓。吠舍是第三种姓,在政治上没有特权,还要纳税供养婆罗门和刹帝利;首陀罗是四个种姓中最卑微的,深受前三个种姓的歧视、奴役和压迫,甚至连生命都得不到保障。并且,种姓制等级森严,不允许有任何的逾越。在宗教活动的参加上,婆罗门、刹帝利、吠舍有资格参加,首陀罗是没有资格参加的,因为它没有公社成员的身份。能参加宗教活动的,可以获得第二次生命(宗教生命),属于“再生族”;不能参加的,得不到第二次生命,属于“非再生族”。在法律上,高级种姓的特权和利益得到绝对的保障,低种姓违反法律,则加以严厉的惩处。如《摩奴法典》规定:“出生低贱的人无论用哪个肢体打击出身高尚的人,这一肢体应被切断。举手或举棍打击出身高尚的人,应割断其手;如动怒而以脚踢者,应割断其脚。”若低种姓的人杀死婆罗门,则要处以死刑。但是,婆罗门和刹帝利如果杀死了首陀罗,不会受到法律严厉的制裁。在婚姻上,各种姓实行内婚制,相互之间绝不通婚,以确保高种姓的血统纯正。如果不同种姓的男女通婚,所生的子女被视为“贱民”,或叫不可接触者。贱民地位极其低下,它不在四种姓之列,处于社会的最底层,深受歧视和压迫。

再次,严格控制民众的人身自由,限定他们的活动范围,或者说不允许农民随意脱离户籍所在地。这在古代中国最为典型。古代中国的各个帝国都通过严格的户籍管理来束缚农民,不允许农民随意迁徙。一是严格户籍登记。西周时,就已经产生户籍登记制度。不仅有掌管户籍的官员,而且对年满 8 个月的男孩和年满 7 个月的女孩在内的人进行包括居住地、性别和生死情况等的登记;每隔三年进行一次人口调查核实。秦帝国建立后,规定了生著死削的统一办法,对不报、虚报、假报户口者严加惩罚。汉代还要求官吏对户口进行验查和登记,即所谓的“案比”。自此后,历代帝国无不采用与秦汉时大同小异的户口登记。二是户籍管理非常严密。秦朝的户籍管理制度就已相当完备。一方面,采用什伍编制和连坐制,即“令民为什伍,而相牧司连坐”(《史记·商君列传》);另一方面,实行“使民无得擅徙”(《商君·垦令》)的迁移制度。如有迁居,应请求地方官吏“更籍”,否则即以匿逃罪惩处。汉时,实行编户齐民和乡亭制等办法,使户籍管理更加完善和周密。自此后,帝国不断加强对乡里组织的建设、渗透和控制,以此来达到清查户口、控制民众的目的。如明代实行里甲制,“以一百十户为一里,摊丁粮多者十户为长,余百户为十甲。甲凡十人。岁役里长一人，甲首一人。”（《明史·食货志》）同时，通过户籍管理加强了对人身的控制。以登记人口为主的赋役黄册编定后，户籍不得随意改动。如有擅自流动，里甲若有发现并藏而不报，则受连坐之罪。如要离乡百里，须有官府发给的“路引”，逃离里甲者将被处以极刑。清朝也基本如此。光绪《大清会典事例·户部》规定：“州县城乡十户立一牌头，十牌立一甲头，十甲立一保长，户给印牌一张，备书姓名丁数，出则注明所往，入则稽其所来。”对外来不明者，拿送官府定罪。总之，帝国通过户籍管理力图把民众控制、束缚在土地上，最大程度地遏制其流动，并严惩任意离开户口所在地者。

第二章　有人化社会Ⅱ：半人力型

经过几千年的发展和积累，特别是进入近代后，由于科技的快速发展，产生了第一次科学革命。这次科学革命首先发生在天文学和医学生理学领域，标志是哥白尼的《天体运行论》和维萨里《人体的构造》的发表。这一阶段的科学发展分为两个时期：16～18世纪，自然科学收集积累经验材料时期和19世纪整理材料，进行理论概括时期。第一个时期，科学在天文学、力学、生理学和化学等领域取得很大的突破。如化学方面，创立了氧化燃烧理论，推翻了燃素说；电学方面，发现了电学史上第一个定量定律——库仑定律；等等。不过，最大的成就是，牛顿在开普勒天体力学和伽利略地上力学成就的基础上，进行了更为全面的综合、归纳和总结，发现了物体运动三定律和万有引力定律，从而建立了经典力学体系，实现了人类对自然界的第一次大综合。第二个时期，在化学方面，创立原子—分子学说，发现了元素周期论；在物理学方面，经过10多位科学家，特别是迈尔、焦耳和亥姆霍兹的努力，确立了能量守恒与转化定律,成为牛顿力学后的第二次科学大综合。麦克斯韦集自库仑以来电学和磁学的研究成果之大成,并经过他自己的创造,建立了经典的电磁学理论体系,揭示了光、电、磁现象的统一性,完成了物理学的第三次大综合。在生物学方面,细胞学说的提出,特别是达尔文生物进化学说的创立,引发了生物学领域的革命。在科学革命的影响下,产生了两次技术革命,第一次技术革命发生在18世纪30年代至18世纪末,以蒸汽机的发明和使用为标志;第二次技术革命始于19世纪70年代,以电的发明和应用为主要标志。需要指出的是,第二次技术革命与第一次技术革命有着很大的区别,第二次技术革命完完全全是在科学理论的指导下进行的,也即科学理论在先,技术在后,科学理论推动着技术的变革。科技革命使得人类制造的工具也越来越先进,越来越复杂。特别是动力工具的出现如蒸汽机、内燃机和电动机的发明,标志着人力在社会生产中的主导地位被打破,动力工具不再作为人力的辅助工具而发挥作用,它以替代人力特别是体力而在社会生产中发挥重要作用,人力第一次面临着"被淘汰"的命运,也预示着人力开始走向从属的地位。这宣告了人类社会开始进入到一个以机械力为主导地位的时代,也标志着人类社会从完全人力型社会走向半人力型社会。

正像石器和铁器的产生都与社会生产存在着密切的关系,动力工具的发明也与社会生产有着千丝万缕的联系。蒸汽机的发明就是如此。16世纪末到17世纪后期,英国采煤业有了较大的发展,使得丰富而廉价的煤成为生产生活中的必需,但同时矿井地下水还是靠人力和畜力来排除,这极大限制了采煤业的发展。这种生产的困境呼唤新的动力工具来替代人力和畜力。于是,"以火力提水"的探索和试验便风生水起,即蒸汽机被发明出来。世界上第一台实用的蒸汽提水机由萨弗里制成,它通过在蛋形容器里吸入并冷却蒸汽,以此形成真空。而后,矿井底的水受大气压力作用被吸入容器中,再通过注入蒸汽压力将容器里的水排出去。通过蒸汽不断地吸入和冷凝,用两个蛋形容器交替工作,可连续排水。不过,萨弗里的提水机有个较大的缺点,即依靠真空汲水的深度不得超过六米。如果要想从几十米深的矿井汲水,就必须将提水机装在矿井深处,而且要用较高的蒸汽压力才可行。这在当时面临的困难和风险是很大的。18 世纪初,纽科门发明了大气式蒸汽机。它通过向汽缸中喷入冷水使蒸汽冷凝并形成真空,在大气压力的作用下,活塞往下压,从而提起扇形平衡杠杆左侧的提水泵拉杆,并将水从矿井深处汲出。纽科门蒸汽机的优点是可以汲出数十米深处的水,但是缺点也是明显的,即热效率低,燃料消耗量大,仅能在产煤区使用。

1765 年,瓦特发明了设有与汽缸壁分开的凝汽器的蒸汽机,其能效比纽科门蒸汽机提高了 5 倍以上,克服了纽科门蒸汽机的缺点。初期的瓦特蒸汽机装设了凝汽器和抽气泵,同时还保留平衡杠杆和拉杆机构,通过活塞和蒸汽的作用,提拉提水泵的拉杆,从而达到汲水的目的。由于增加了凝汽器,加上在汽缸外壁加装夹层,用蒸汽加热汽缸壁,减少了冷凝损失,增加了热效率。1782 年前后,瓦特将机器进一步改进,完成了两项重要发明:在活塞工作行程的中途关闭进汽阀,使蒸汽膨胀做功以提高热效率;使蒸汽在活塞两面都做功(双作用式)以提高输出功率。这时的活塞既要向下拉动杠杆又要向上推动杠杆,扇形平衡杠杆和拉链已不再适用,瓦特便发明了平行四边形机构。早在 1770 年左右,瓦特就开始研究如何利用蒸汽驱动旋转机械。为了避开别人已取得的将曲柄滑块机构应用到蒸汽机上的专利,瓦特于 1781 年发明了行星齿轮机构,使活塞的往复运动转换为主轴的旋转运动。汽缸内活塞的往复运动通过平行四边形机构传到杠杆,由杠杆带动连杆再通过齿轮传到主轴。瓦特还于 18 世纪末将曲柄连杆机构用在蒸汽机上。瓦特的创造性工作使蒸汽机热效率成倍提高,煤耗大大下降,同时,使原来只能提水的机械成为可以普遍应用的蒸汽机,或者说使蒸汽机成为广泛使用的通用动力装置。蒸汽机推动了第一次产业革命的发展。自18世纪末起,蒸汽机不仅在采矿业得到广泛使用,而且在冶炼、纺织、机器制造、交通等行业中都得到了迅速推广。它使英国的纺织品产量在20多年内(从1766年到1789年)增长了5倍,为市场提供了大量消费商品,加速了资金的积累。1807年,美国富尔顿制成了第一艘实用的蒸汽机轮船"克莱蒙脱"号,实现了船舶的动力化。1829年,英国斯蒂芬森制造了"火箭"号蒸汽机车,开创了铁路时代。19世纪末,蒸汽机又成为火力发电厂中的主要动力机械。不过,蒸汽机有着自身固有的弱点:离不开锅炉,整个装置既笨重又庞大;蒸汽的压力和温度不能过高,排气压力不能过低,热效率难以提高;它是一种往复式机器,惯性力限制了转速的提高;工作过程是不连续的,蒸汽的流量受到限制,也就限制了功率的提高。

与蒸汽机的发明源于生产的需要不同,内燃机的发明则是在科学理论的指导下进行的。这标志着人类制造工具进入了全新的阶段,即从自发阶段转向自觉阶段。能量守恒和转换定律是19世纪自然科学的三大发现之一。从18世纪末开始,5个国家的10多位科学家对能量这一物质运动形式进行了深入研究,特别是经过迈尔、焦耳和亥姆霍兹的努力,最终确立了能量守恒与转化定律,即自然界的一切物质皆有能量,能量既不能创造,也不能消灭,而只是从一种形式转化为其他形式,或者从一个物体转移到另一个物体,在转化或转移的过程中,其总量不变。根据能量守恒和转换定律派生出热力学第一定律和热力学第二定律,并以此为基础,建立了热力学。与此同时,法国物理学家、工程师卡诺对热力发动机的运转进行了深入研究,提出了理想的热力循环("卡诺循环"),即在等温压缩和膨胀与不吸、放热量和无摩擦的情况下,卡诺循环热效率最高。总之,能量守恒和转换定律的发现、卡诺循环的提出以及热力学的建立为新热机的发明奠定了理论基础。

1860 年,法国发明家里诺发明了第一台实用的煤气机。它以煤气为燃料,用火花塞点火,燃烧产生的气体直接推动活塞连杆机构而做功。由于可燃混合气体没有压缩,故热效率很低,只达到 4.5%。虽然这种煤气发动机的实用价值还不高,但它迈出了从外燃机走向内燃机的宝贵的第一步。1862 年,法国工程师德·罗夏首先提出了内燃机的四冲程循环原理(进气→压缩→膨胀→排气),并取得了专利,为内燃机的发展进一步奠定了理论基础。不过,使内燃机走向实用化道路的是德国工程师奥托。1876 年,奥托制成了经进一步改进的煤气机。奥托制造的煤气机与里诺煤气机的最大区别是奥托煤气机吸入的混合气是经过压缩后燃烧的,当时的压缩比虽只达到 2.5,但跨出了混合气经压缩后可提高热效率的可贵的一步。奥托煤气机的热效率达到 12%,转速达到 250r/min,发动机运转平衡,噪声小,功率更大,具有实用价值,很快获得推广。随着石油开采业和炼油业的发展,以汽油为燃料的内燃机即汽油发动机很快被德国人戴姆勒和本茨同时发明出来。1883 年,戴姆勒根据奥托内燃机的原理,利用他自己发明的表面蒸发式汽化器,以汽油为燃料,研制成四冲程汽油发动机;该机转速为 500~800r/min,压缩比为 3。在戴姆勒发明汽油机的同时,本茨也研制成功了汽油机。他们分别将汽油发动机装在四轮车和三轮车上,制成了世界上第一辆四轮汽车和三轮汽车。汽油机由于有重量轻、体积小、热效率高等特点,在船舶和机车上逐渐取代了蒸汽机。在汽油机被发明出来的同时,柴油发动机也被德国工程师狄塞尔发明出来。柴油与汽油的性能不同,其最主要的区别为:汽油具有良好的点火性能;柴油的点火性能很差,但具有良好的自燃性。由于柴油比汽油便宜,又具有与汽油一样的热值,因此,也是一种很好的内燃机燃料。狄塞尔于 1885 年开始研制柴油机,于 1892 年研制成功并获得发明专利。当时,狄塞尔柴油机的压缩比只有6,但热效率已达到24%~26%,经济性比汽油机高1倍以上。由于柴油机有良好的经济性,柴油又比汽油便宜,故柴油机很快被用作汽车、轮船、火车、工程机械等车辆和交通工具的动力。①

除内燃机外,电动机也是一种使用方便的动力工具。与内燃机的发明一样,电动机的发明也是在相关科学理论的指导下应运而生的。丹麦人奥斯特发现电流会导致磁针偏转,揭示了性质不同的电现象与磁现象之间存在着联系。法拉第在他的启发下,认为既然电流能使磁针偏转,那么,用磁铁靠近通电导线,导线就会发生转动。根据这一想法,他发明了一种简单的使用电流推动物体运动的装置,即当电流通过装置内的线路,线路就会绕着一块磁铁不停地转动。这可以说是电动机的雏形或祖先。众多科学家沿着法拉第开辟的道路不断开拓,特别是在增大磁场强度方面取得了长足进步。这其中以美国人约瑟夫·亨利的贡献最大。他在强电磁铁的制造方面卓有成效,为改进发电机打下了基础;同时他还提出了电动机的原理和构想。1838年,世界上第一台真正可以提供动力的电动机由德国的雅各比发明,它驱动船只在涅瓦河上行驶。随后,电动机的研制如雨后春笋。不过,由于受限于伏打电池,电动机发展的步伐还是比较慢。随着发电机驱动电动机的电力技术的发展,电动机技术跨上了一个新台阶。1885年,美国人特斯拉和意大利人费拉里斯根据电磁感应原理,同时发明了交流感应电动机。这种电动机结构简单,使用交流电,无需整流,无火花,具有无比的优越性,并成为替代人力与畜力的又一动力来源。

相对于石器、铁器等人力工具以及建立在此基础上的人力生产方式,动力工具的发明并应用于生产中,促进了机械化生产方式的产生。这极大地替代了人力特别是人的体力,提高了生产效率,

① 陈燮阳,乔惠英. 内燃机的发明——为现代交通运输大发展奠定了基础. 汽车研究与开发,2000(4).

将生产力水平提升到一个崭新的高度,标志着人类社会进入到一个全新的发展阶段。

建立在动力工具基础上的机械化生产方式的产生促进了生产经营组织形式的变革,即从家庭和家庭作坊发展到工厂和企业。对比这两种生产经营组织形式,区别是很明显的。以家庭或庄园为主要模式的生产是以人力为基础并辅之以畜力的生产,规模小且分散,分工有限,无需多大的协作,生产效率低下,基本上只能满足自身需要。而以工厂为核心的生产是以动力生产为基础,即在固定的场所使用机器来完成,生产规模呈现出不断扩大的趋势,乃至要集中成百上千人,且有专门的分工,相互协作,生产效率高,生产能力大。不仅如此,在经营和所有权上,家庭自主经营,自负盈亏,产权上单一且明确。虽然这较大地调动了生产者的积极性,但是,个体抗风险能力较差,极易在国家、地主的盘剥下和自然灾害的打击下破产,从而使得生产无法再扩大,或者说生产的扩大极为缓慢。在以工厂为核心的机械化生产方式条件下,由于扩大再生产是其特性之一,因而,企业在产权及经营上发生着深刻的变化。由于最初的生产规模相对较小,企业开始时实行业主制。这是一种产权非常单一的模式。业主制有如下的特点:产权主体单一,产权界定明确,企业主兼具企业资产所有者和经营管理者双重身份,享有所有权、占有权、处置权和收益权。企业自负盈亏,对企业全部债务承担无限责任,一切财产均可以用来抵偿债务。由于完全取决于企业主的财产,因而,企业主财产的多少决定了企业发展的规模。由于要求企业主兼具创业精神和经营能力,因而,企业存在的时间最长不超过业主的寿命。因此,业主制企业规模小,生产单一,资产增殖有限,不利于资本的积聚,并制约了企业规模的扩张。而且,对企业主的经营能力要求较高,也制约了企业的发展。随着产业革命的深入发展,市场规模的进一步扩大,进入 18 世纪 60 年代,合伙制和租赁制逐渐取代了业主制。合伙制突破了业主制在产权主体上的限制,它由两个或两个以上的所有者共同投资和管理企业,共享生产剩余,虽然合伙制下所有权与经营权还是统一的。单一性的产权主体被突破,意味着产权主体单一的缺陷也得到了一定程度的克服,即它可以通过合伙人的增多而使企业资产规模迅速扩大,而不再受单个财产所有者的财产限制,适应了产业革命所引起的生产集中化的要求。但是,它的缺点也是很明显的。由于在经营决策上每个合伙人都享有相同的权力,因而,不可避免地会导致经营决策上的分歧和摩擦,甚至是严重的不可调和的分歧,从而严重影响了企业的发展。并且,每一个合伙人都不能自由地转让或出售其产权,合伙人共同承担一切责任和债务。租赁制没有像合伙制那样去改变单一性的产权主体,而是对所有权与经营权进行了切分。企业主拥有资产的所有权,但不直接经营企业的资产;他把经营权转让给他人,让其经营。资产所有者凭借经营权的转让,获取相应的收益和报酬。经营者增殖资产,获取报酬,实现了企业资产与经营能力的优化组合。但是,租赁制的产权主体仍是单一的,无法使企业资产迅速得到扩大,阻碍了企业规模的进一步扩大。

尽管合伙制和租赁制克服了业主制存在的缺陷,但是,正如上面所言,它们在产权安排上也存在着不足,从而导致企业规模或资本总量普遍较小。进入19世纪中叶后,随着生产社会化和商品化的发展,响应生产规模扩大的需要,股份制开始取代了合伙制和租赁制。这是一种比较成熟的适应现代化生产需要的所有制形式。股份制的特点:首先,彻底改变了企业产权单一的模式,实现了产权主体的多元化。为了增强企业资本的筹措能力,快速扩大企业规模,企业把资产原始所有权化作股份的形式,并通过发行股票的形式来募集资本,即把私人资本变为社会资本,变成企业的资产。当股票被私人购买,就形成了产权主体社会化的格局。其次,财产所有权被分为股权和法人所有权。凭借股权,股东不仅是企业的所有者,还享有所有者权益,但能直接支配企业的财产。股东可以通过股东大会对企业的重大事项进行决策。二战后,法人股东开始取代自然人股东而成为居于支配地位的股东。这种股东就是以公司或集团名义占有其他企业股份,极大地推动了股份制的发展。企业享有独立的法人所有权,对企业资产具有占有、使用和处分的权利,即企业自主经营,自负盈亏。同时,法人财产权和经营权相分离,形成了经理人员控制企业的局面。再次,实行有限责任制。传统企业制是无限责任制,债务风险很大。而股份制实行有限责任制,即出资者以投入企业的资本额为限,不对他的其他财产产生连带责任。有限责任制降低了企业资本筹措的成本与风险,有利于资本的吸收。最后,产权约束社会化、多样化。在业主制下,产权约束主要为业主的个人约束;在租赁制下,经营者受到的产权约束还是出资者的直接约束;在股份制下,资产经营者不仅受到企业董事会的直接约束,即董事会任免经营人员,而且,由于产权的可交易性,还要受到来自于股东通过股票市场的间接约束,即股东随时根据自己对企业生产经营的判断,以决定是否抛售其股票,从而对企业形成压力,督促其不断提高效益。股份公司制不仅优点明显,适应了生产社会化的需要,而且有力地促进了生产力的发展。正如马克思所说:“假如必须等待积累去使某些单个资本增长到能够修建铁路的程度,那么恐怕直到今天世界上还没有铁路。但是,集中通过股份公司转瞬之间就把这件事完成了。”①因此,到19世纪末20世纪初,股份制在欧美工业化国家得到了快速的发展。

以动力工具为依托的生产或者说机械化生产方式极大地提高了生产力,引发生产的革命,即工业革命的兴起。工业革命最先出现在英国,使得英国的工业生产增长速度获得了极大的提高。

① 马克思,恩格斯.马克思恩格斯全集(第23卷).北京:人民出版社,1972:688.

1771—1775年,英国每年进口原棉约550万磅,到1844年达到了6亿磅。而英国在1834年出口棉布5.56万磅、棉纱7650万磅、棉织刺绣制品120万磅。1760—1827年,英国棉纺织业生产增长了20倍。英国硬煤开采量在18世纪20年代占世界硬煤总开采量的87%,60年代占50%。生铁产量从1780年的4万吨增加到1856年的358.6万吨,1880年达到774.9万吨。[①] 英国工业的增长速度是史无前例的,是以往任何一个行业和部门都无法比拟的。正如马克思和恩格斯在《共产党宣言》中对工业革命所创造的生产力所评论道的:"资产阶级在它的不到一百年的阶级统治中所创造的生产力,比过去一切世代创造的全部生产力还要多,还要大。自然力的征服,机器的采用,化学在工业和农业中的应用,轮船的行驶,铁路的通行,电报的使用,河川的通航,仿佛用法术从地下呼唤出来的大量人口,过去哪一个世纪料想到在社会劳动里蕴藏有这样的生产力呢?"[②]英国工业革命的发展以及它的成就,使得法国、美国、德国等国从19世纪初到19世纪30年代也先后开始了本国的工业革命,19世纪60年代,俄国、日本也走上了工业化的道路。二战后,亚非国家也开始走上工业化道路。工业化的普及,极大地推动了工业生产快速发展,生产的工业品变得极为丰富,超过了农业经济,使整个世界的面貌焕然一新。

工业革命迸发出的巨大的生产力使得生产远远超出了生产者自身的需要,势必需要开展交换,势必要冲破原先封闭自足的经济藩篱,也即交换成为整个社会的必需。并且,由于机器大工业生产能力的强大,生产所需要的原料远远超出了一国的供应能力,产品也远远超出了一国所需。因而,不仅仅是英国一国的自给自足被打破了,整个世界范围内的自给自足也被摧毁了,形

① 王珏. 世界经济通史(中卷). 北京:高等教育出版社,2005:105、106、107.

② 马克思,恩格斯. 马克思恩格斯全集(第23卷). 北京:人民出版社,1972:688.

成了一个一体化的世界市场，或者说工业革命推动了市场经济的大发展。正如马克思和恩格斯在《共产党宣言》所说的那样，“资产阶级，由于开拓了世界市场，使一切国家的生产和消费都成为世界性的了……这些工业所加工的，已经不是本地的原料，而是来自极其遥远的地区的原料；它们的产品不仅供本国消费，而且同时供世界各地消费。旧的、靠本国产品来满足的需要，被新的、要靠极其遥远的国家和地带的产品来满足的需要所代替了。过去那种地方的和民族的自给自足和闭关自守状态，被各民族的各方面的互相往来和各方面的互相依赖所代替了。”①随着科技的进一步发展，不断推动产业跨越式发展，市场经济得到了进一步的发展，世界市场的一体化程度不断加深。特别是进入 20 世纪 80 年代，由于信息技术的巨大发展，原先大规模粗放型的机械化生产方式逐渐被精确的自动化生产所取代，世界市场的一体化程度达到了一个新的前所未有的高度，或者说，交换性生产经济已处于经济全球化的水平。概括地说，就是以信息技术为基础，市场规模更大，开放度更高，资本流动性更快，生产全球化程度更高，国际经济协调能力更强，经济相互依存性更强和一体化程度更深，也即贸易全球化、生产全球化、金融全球化和区域经济一体化。

不得不提一下的是，随着市场经济取代自给自足的封闭经济，私有制得到了深入的发展。在自给自足经济时代，虽然私有制得到了一定程度的发展，但是，专制王权处于一种至高无上的地位，或者说霸主的地位，一方面使得它随时都有可能剥夺私有财产，另一方面也不允许私有者坐大；同时，市场交换不够发达，也在一定程度限制了私有制的发展。而在市场经济时代，交换的迅速发展使得有必要确保生产者和交换者的利益，也就是说私有财产必须得到确保，或者说产权受法律保护。如果权利人的利益得不到有

① 马克思，恩格斯．马克思恩格斯全集（第 23 卷）．北京：人民出版社，1972：688.

效保障,就必然摧残生产的积极性,就必然扭曲商品价格,从而损害市场经济的正常运行,也就从根本上阻碍了社会的发展。因而,建筑在机械化生产方式基础上的市场经济为了确保自身的生存和发展,就必然要求发展和确保私有制。事实上,保护私有制写入了各国的宪法。也就是说,在新的时代,私有制得到了空前的发展。

以动力工具为依托的生产或者说机械化生产方式虽然在较大程度上替代了人力劳动,但是,由于机器生产仅仅是提供了动力,还无法取代人力进行生产,还需要和人力结合起来生产,这是一种高级的接触型生产。当然,这不是工具结合人力进行生产,而是人结合机器生产。或者说这是机器为主的生产方式,而不是人为主的生产方式。基于机器生产无法也不能脱离开人力劳动,因而,劳动力的投入也是生产发展的主要途径之一。阿尔弗雷·索维就曾指出:“经过两个世纪的激烈的机械化之后,我们应当能求助于最有力的、令人信服的实际经验了。事实是,在所有的工业国,现在的工作人口都比两世纪前多得多。经过高度机械化,生产率大幅度提高之后,就业的人更多了。”①这可以从表1看出。当然,这里的劳动力包括三产的劳动力,不仅仅是局限于工业生产,但从一个侧面也反映了工业生产劳动力投入也在增加。

表1　发达国家工业化前后的就业人口数对比②

单位:千人

国家	1789年前后的工作人口数	1965年前后的就业工作人口数
比利时	1450	3700
法国	13000	21000

① 阿尔弗雷·索维. 人口通论(上册). 北京:商务印书馆,1983:171.

② 阿尔弗雷·索维. 人口通论(上册). 北京:商务印书馆,1983:172.

续表

国家	1789 年前后的工作人口数	1965 年前后的就业工作人口数
德国(西德)	8700	27000
英国	5500	24800
荷兰	950	4800
意大利	8700	21900
瑞士	750	2600

不仅如此,许多国家的工业化发展初期无不通过劳动力规模的扩大来推动生产的发展,或者说大力发展劳动密集型产业来促进经济的发展。如日本、韩国、新加坡、台湾、香港等国家和地区的经济崛起最初都是依靠劳动密集型产业来推动的。即便是现在最发达的经济体美国在其经济发展初期也用了 110 年来发展劳动密集型产业,推动了其生产的发展。

需要说的是,机械化生产方式需要集中成百上千的劳动力在一起生产,这就需要有可以买卖的自由劳动力。事实上,随着工业革命的深入发展,农民对领主的人身依附关系逐步解除,农民可以自由支配自身,也即成为了法律上的自由人。而且,人口的迁徙不再受到任何限制,也即劳动力可以自由流动了。这使得工厂有了可雇佣的劳动力。另一方面,由于圈地运动等原因,农民逐渐逐出土地生产,使他们纯粹依靠出卖劳动力为生,为机器生产提供了大量可雇佣的劳动力。总之,随着劳动力的解放,雇佣劳动力来进行生产成为机械化生产方式的常态。不过,自由雇佣的劳动力与市场买卖的奴隶是完全不同的。自由雇佣的劳动力的权益受国家保护,奴隶则是连生命都得不到保障。虽然在工业革命开始的一段时间里,工人只能在劳动条件很恶劣的厂房里工作,健康和生命得不到保障,但是,这种野蛮的生产严重损害了劳动力的再生产,不久就被加以制止。1832 年,英国制定了《工厂法》,对女工和童工的使用作出了限制,并要求工厂改善劳动条件,保障了劳动者的健康和安全。继英国之后,欧美工业化国家先后制定了限制工作时间和改善劳动条件的工厂法。法国于二月革命期间对劳动者的工作时间作了限制。美国于 1868 年颁布联邦劳动法,对联邦雇员工作时限作了规定。马萨诸塞州通过了第一个童工法,第一个《工厂检查法》,还首先颁布了工伤事故报告制度。德国 1891 年制定了工人保护法。日本于 1914 年颁布了《工厂法》。意大利、比利时、奥地利等国家也颁布了类似的法律。工厂法和类似法律的颁布和实施,确保了劳动者的权益,有利于劳动力再生产和社会再生产过程的正常运行。进入 20 世纪,特别是 20 世纪中叶后,工业化发达国家的劳动条件进一步改善,工人工作时限进一步缩短,工资也显著上升。发展中国家的工作条件也得到很大改善。总之,从整体来看,由于科技的进步和经济的发展,20 世纪,特别是后半期,与 19 世纪相比,劳动者权益的保障、劳动条件的改善都上了一个台阶,有力地提高了劳动者的积极性,促进了生产的发展。

在投入劳动力来推进生产的同时,以动力工具为依托的生产或者说机械化生产方式还不断加大投资来推进生产。最明显的一点就是机器这种生产工具的投入远大于铁器等小农生产工具。我们知道,随着工业经济的建立,投资工业部门的利润开始超过投资商业与土地的利润,大量资本投入工业生产之中,快速促进了工业生产的发展。特别是进入 20 世纪初,资本通过积聚和集中推动着生产规模的不断扩大。所谓“资本积聚就是个别资本通过剩余价值资本化来增大自己的资本总额;资本集中是通过在竞争中大资本兼并中、小资本,或者通过若干资本联合成为股份公司的办法,把原来分散的资本合并成更大的资本。”[①]随着资本高度集聚于一

① 张维达. 政治经济学(第 2 版). 北京:高等教育出版社,2004:83.

些生产部门,如重工业需要大量投资,也得到了大量投资,生产得到了巨大的发展,但是采取自由竞争的方式却导致了利润下降并带给企业巨大的损害。于是,大资本开始从自由竞争而走向垄断,以此阻遏利润率的下降,并进而损害工业生产。由于资本竞争方式的改变,自由竞争集聚资本的方式逐步屈于从属的地位,垄断资本逐渐在经济占主导地位,出现了大量卡特尔、辛迪加和托拉斯等超大规模的企业,推动着生产快速发展。如在德国,根据官方统计,1905 年各生产部门共有 285 个卡特尔。最大的莱茵—威斯特伐利亚采煤辛迪加,1913 年的产煤量占全国总产量的 54%;钢铁辛迪加的生产在全国总生产中所占比重达到 43% ~ 44%;由西门子——舒克特和电气总公司两个托拉斯组成的电力托拉斯控制了全部电力生产的 40%。再如在美国,1907 年共有 250 个托拉斯,1908 年托拉斯控制的公司数为 10200 个。1910 年托拉斯在国民生产中所占的比重:纺织工业 50%,玻璃制造业 54%,棉布印染业 60%,食品制造业 60%,酿酒业 72%,金属工业(不包括钢铁)77%,化学工业 81%,钢铁工业 84%。[1] 英法等其他西方工业化国家的垄断资本也取得了在工业中的支配地位。二战后,随着科技和社会生产力的巨大发展,资本积累迅速增加,生产集中和垄断的程度进一步提高,生产跨上了新台阶。在工业资本走向垄断后,银行也开始形成垄断,并且其作用也随之发生了改变,即由信用中介人逐渐变成了万能的垄断者。尤其是二战后,银行的集中与垄断达到了新的规模,并且,大银行合并形成了巨型银行。如 1978 年,美国摩根财团和洛克菲勒财团控制的主要金融公司的资产分别达到 2683 亿美元和 1664 亿美元。1980 年美国商业银行资产额高达 15370 亿美元,存款额为 11874 亿美元。其中美国 50 家大商业

① 张绍焱.政治经济学(资本主义部分).北京:中国经济出版社,2004:211－212.

银行资产额为9709亿美元,存款额为7047亿美元。此外,美国6家最大的商业银行,即花旗银行、美洲银行、大通曼哈顿银行、汉诺威制造商信托公司、摩根保证信托公司和纽约信托银行在20世纪50、60年代分别通过合并而成为巨型银行。[①] 巨型银行的出现为垄断企业提供了生产所需的巨额资金,进一步推动着生产的发展。

工业资本和银行资本产生垄断后,它们相互渗透、不断融合,形成了金融资本。金融资本的形成主要通过两条途径:一是业务上的渗透,即银行资本购买工商业企业股票或者建立自己的工业企业,工业企业购买银行股票或者建立自己的银行或金融公司。美国的摩根财团是从银行资本发展为金融资本的典型。摩根家族先开办银行,并发展为美国最大的银行,而后它向工业企业渗透,先后控制了美国钢铁公司和美国电话电报公司等大型工业企业,成为当时最大的金融资本集团。洛克菲勒财团则是从工业资本发展为金融资本的典型。洛克菲勒家族垄断了美国的石油工业,接着向银行业渗透,相继控制了大通国民银行和波士顿第一国民银行等银行,成为与摩根财团齐名的金融资本集团。二是人事参与,即银行垄断组织和工业垄断组织的代表相互兼任对方的董事和监事。据美国国会调查,1967年美国49家大银行同全国6591家公司之间,有着8019件人事结合关系。而且,像一些大公司,如摩根财团的摩根保证信托公司,其高层管理成员兼任了233家工商企业的董事,其自身的董事会也几乎全由大公司、大银行的经理、董事长或董事兼任。金融资本由于通过加强对产业和金融业的结合渗透,做到对彼此业务的熟悉、干预和监管,促进了垄断企业的健康发展。

以动力工具为依托的生产或者说机械化生产方式是基于技术

① 张绍焱.政治经济学(资本主义部分).北京:中国经济出版社,2004:216－217.

的开放性经济,技术的进步引发生产工具的升级换代,并促进了生产的快速发展。我们知道,进入近代社会后,科学发现逐渐成为技术革新的引领者,并应用于生产过程中,形成了科学—技术—生产的一体化。随着科学知识的积累和科技的进步,以及研究和开发活动组织性的增强,进入20世纪后,科技创新的速度明显加快,应用于生产的速度也越来越快,也即科学、技术和生产高度融为一体,并成为推动经济增长的主要力量。科学技术是第一生产力。通俗的说,机械化生产方式是依托机器的生产,而作为媒介的机器有个不断发展的过程,或者说处于变动不居的状态。这与人力的不变性形成鲜明的对比。机器性能的提升就自然对生产起到了推动作用。技术进步对生产的推动性可以从要素生产率的增长率上体现出来,因为要素生产率的增长率常常被视为科技进步的指标。由于缺乏相关数据,这里仅以美、英、日三国要素生产率对经济增长贡献率的变动为例简单说明。从表2可以看出,在20世纪70年代前全要素生产率增长率对经济贡献率上升迅猛。

表2　美国、英国、日本三国全要素生产率增长率的长期变动①
(年平均复合增长率)(1820—1992年)

单位:%

年份	美国		英国		日本	
	增长率	对经济增长的贡献率	增长率	对经济增长的贡献率	增长率	对经济增长的贡献率
1820—1870	-0.15	-3.6	0.15	7.4		
1870—1913	0.33	8.4	0.31	16.3	-0.31	-13.2

① 转引自高峰.发达资本主义国家经济增长方式的演变.北京:经济科学出版社,2006:27.

续表

年份	美国		英国		日本	
	增长率	对经济增长的贡献率	增长率	对经济增长的贡献率	增长率	对经济增长的贡献率
1913—1950	1.59	52.8	0.81	68.1	0.36	16.1
1950—1973	1.72	43.9	1.48	50.0	5.08	54.9
1973—1992	0.18	7.5	0.69	43.4	1.04	27.7

以动力工具为依托的生产或者说机械化生产方式创造了极大的生产力,生产能力巨大,往往超过需求的上限而引发经济危机。这与人力生产达不到需求下限而引发的危机大不相同。面对周期性的生产过剩危机,市场机制无能为力,因为市场对要素资源配置的调节作用具有很大的自发性和盲目性。为了促进经济健康持续发展,也为了社会的稳定,机械化生产方式需要国家对市场加以调节。于是,二战后,在凯恩斯理论的指导下,工业化国家建立起国家宏观管理的市场经济模式。这种国家干预和调节经济的模式特点在于:“它承认市场调节机制作用的局限性,主张采用需求调节,即通过扩大或缩小财政支出的财政政策,松紧交替的货币政策以及对工资、物价进行调控的收入政策来调节社会需求,以达到干预经济周期,减少经济波动,促进经济稳定增长的目的”。[①] 由于西方工业化发达国家的国情不同,社会历史文化不同,使得市场机制和国家干预结合的范围、程度和方式表现得并不一样,呈现出不同的运行模式。美国是西方工业化发达国家的典型,形成了较为成熟的国家调控市场经济的机制。在这种模式下,私营部门是经济生活中的主体,占据了经营性部门的四分之三;而且私人垄断资

① 高德步.世界经济通史(下卷).北京:高等教育出版社,2005:183.

本实力强大,像前面所述的那些美国金融资本掌控着国家经济命脉。这一特点对国家干预经济的方式产生了深刻的影响。其主要表现为:一方面,通过制定和完善反垄断法规和措施,保护竞争,抑制垄断,有效地维护了市场机制的运作,另一方面,制定实施宏观经济政策,并对财政政策和货币政策进行不同组合,以此促进经济运行的稳定。英国的市场经济运行类似于美国,最大的不同是通过对企业所有制的变更——时而国有化,时而私有化——来干预和调节市场经济。法国和日本的市场经济体制都强调计划调节与市场调节相组合,但两者区别也是明显的。法国的市场经济体制的一个特点是,国家拥有规模庞大的国有部门,国有经济在国民经济中的比重较高。借助于国有经济,使计划成为国家干预经济的主要手段之一。这种计划的特点:通过实施经济计划对社会经济活动进行整体干预,而不是局限于某一具体的行业、企业。经济计划通过政府和"社会伙伴"共同协商来制订和执行,以此扩大计划的社会基础,确保计划顺利实施。计划是指示性的,不是指令性的;即有中期、短期计划,而且,在执行过程中可以对计划进行修正,以增强计划的实效性。国家建立中央集中的市场调查制度,汇集各种生产和消费信息,预测经济未来发展前景,以此服务于企业的生产。日本政府宏观管理经济的特色则是制订和实施经济计划。这些计划基本上是指示、预测性的,不具有法律或行政上的约束力,但有着强有力的诱导性。这一方面是因为计划中表明政府的政策走向和预测指标,对企业界有较高的参考价值,另一方面经济计划以强有力的行政和经济手段为基础的,也即政府对企业实行"行政指导",以及用财政补助金、低息贷款等经济手段保证计划目标的实现。[①] 政府还根据不同时期的要求制定不同的产业政策,给予有前途的重要产业以各种政策和资源优惠。

---

① 张维达.政治经济学(第2版).北京:高等教育出版社,2004:170－171.

虽然从历史事实来讲,商业演化和政治革命早于动力工具的出现(需要说的是,商业演化和政治革命为科技的发展和工具的革新创造了良好的条件。),但是,动力工具及建筑在其基础上的生产的诞生,一方面使人从繁重的体力劳动中解放出来,为社会的发展奠定基础;另一方面,又极大地改变了人的存在状态,即从依附奴役状态走向自由并享有人权的状态。这种发生在基础层面的变化必然导致政治上层建筑和社会的整体变革,且这种变革随着机械化生产方式的深入发展在全世界呈现出扩展的态势,变得不可逆,最终取代了以专制不平等为特征的社会。这种新的社会模式最基本也是最主要的特征是打破了血缘关系在构建社会中的主体地位,通过选举中介来组建政治社会,即法治基础上的自由、平等和人权,或者说是一种非控制型、以人为本的社会。(这种社会模式虽然打破了血缘关系在组建社会的主导作用,但是,在人力还占据重要地位的社会,组建政治社会还依然需要依赖人力的作用。)它表现为废止一切形式的世袭权力,改由民众选举有一定任期限制的代表和元首来行使国家权力;废止专制权力,将国家权力分为立法权、行政权和司法权三种相互制衡的权力,交由不同的国家机关行使;废止任何形式的等级特权制,每个公民包括国家元首都必须遵守宪法和法律,法律面前人人平等,并保障人权和公民的基本权利。

首先,废除世袭权力,将权力交给由民众定期选出的统治者。世袭权力被废除,一切权力属于民众,但是,这不等于人人都有权进入国家机关行使国家权力,否则,整个社会必然进入混乱的状态。为了兼顾民众的权力和社会的稳定,通过民众定期选举出统治者来行使国家权力成为新时代最佳的统治方式。很明显,民众是通过民选的代表或元首这个中间人来行使权力,是一种间接民主(或者说,是接触型民主,即接触并施加影响于代表)。其主要表现为确立代议制、实行选举制和多党制。

所谓代议制就是把国家权力特别是立法权赋予经选举产生的

议会,由议会而不是世袭君主来行使国家权力。由于代议机关一般都是议会,因而,代议制又称为议会制。无论是实行君主立宪制的国家还是实行共和制的国家,无不都是以议会为最高立法机关,即都实行代议制。英国是最早实行君主立宪制的国家,也是世界上第一个建立代议制的国家。早在13世纪,英国的议会就产生了。不过,此时的议会还只是君主专制统治的工具。1688年“光荣革命”后,尤其是《权利法案》和《王位继承法》的实施,确立了“议会至上”的原则。这标志着英国议会成为了国家的最高权力机关和唯一的立法机关。英国代议制一个明显的特点是,议会权力至上,国王的权力受到了极大的限制。国王虽然有批准议会法案并使其成为正式法律的作用,不过,国王从未行使过否决权。国王的这种权力逐渐流于一种形式,国王更多的只是国家的一种象征。议会凌驾于国王之上,拥有立法、财政、决定王位继承等重大权力。《权利法案》就明确规定,“未经议会批准,国王不得擅自创立或废止法律”。“未经议会批准,国王不得以任何名义征用钱财或物资”。英国议会不同于其他国家议会的另一个特点是,上院不经选举产生,而由贵族担任,下院普选产生;权力逐渐从上院转向下院。特别是进入20世纪,《议会法》规定下院通过的财政法案,上院不得否认和修改。这标志着国家立法权、财政权和监督权完全掌握在下院手里。美国是最早实行共和制的国家,也是最早确立代议制的国家之一。由于美国不像欧洲那样存在专制的上层建筑,且其建国一开始就受到欧洲民主共和思想和实践的影响,因而,其代议制的确立有自己的特点,即比较平稳。美国代议制的建立分为两个阶段,一个是邦联时期的代议制,另一个是联邦时期的代议制。在邦联时期,建立了邦联国会。邦联国会拥有外交、国防等权力,但得不到2/3邦议会的支持,邦联国会就不能行使上述权力。而且,邦联国会不能强制各邦服从其内部决议。邦联国会只是一个权力很有限的议事机构,有其名而实不至。在联邦时期,制定了《联邦宪法》,建立了联邦议会,即美国国会。至此,美国代议制最终确定了下来。《联邦宪法》规定,“全部立法权均属于由参议院和众议院组成的合众国国会”,即国会享有最高立法权。除此之外,国会还享有财政控制权、监督权、弹劾权等权力。美国国会与英国议会相比,又有较大的不同。参议院由各州直接选举产生,众议院按各州相等的人口比例选举产生,不像英国仅是下院进行选举。参众两院的职责各有侧重,各有一些特别的权限,不像英国议会权力集中于下院。

代议制的确立标志着国家机关权力的委托性,民众通过遵循普遍、平等、直接和秘密原则的选举把权力委托给他们。普遍、平等原则的确立不仅意味着权力来自民众,也说明民众的权力得到了切实的保障。英国是最早实行选举的国家。1689 年,英国通过的《权利法案》规定议员实行自由选举,也即下院议员由选民直接选举。但是,这种自由选举是有限度的,或者说不具有普遍性。因为根据 1711 年议会的规定,有一定财产的人才有选举权。这使得选民仅占成年人数的 5%,绝大部分人没有选举权。随着经济基础的变革和社会阶级的变化,对自由选举的限制逐步取消。1832 年《英格兰与威尔士人民代表法》的实施,降低了选民财产资格的限制,使中产阶级获得了选举权。1867 年,城市工人获得了选举权。1928 年,又制定了男女平等选举法,女性获得了选举权。1948 年,修订的《人民代表选举法》废除了复票制,实现了“一人一票,一票一值”。法国是最早确立普选权的国家。早在 1789 年大革命之初,法国就宣布并实行了不受财产、种族、性别和教育程度限制的普选权,成为世界上最早宣布实行普选权的国家。但是,到了 1791 年,宪法对选举的财产资格作了一定的限制,结果使得法国 2500 万居民只有 430 万人有选举权。1795 年宪法更进一步,它废除了普选权、直接选举方式,规定只有缴纳国家税收才有选举权。不过,经过近一百年的发展,法国男性最终获得了平等的选举权。1875年宪法规定,只要年满21岁并且在选区居住6个月以上的男子就有选举权,不受财产和教育程度的限制。到了1944年,女性也获得了平等的选举权。至此,法国实现了“普遍的、直接的”选举。美国选举制的完善和欧洲差不多。1787年,美国联邦宪法没有对选举资格作出规定,而是让各州自己制定选举法。这些选举法大多都有对选民的财产资格作出一定的要求,达到一定数量的财产才有选举权。进入19世纪30年代后,才取消了对选民财产资格的限制,白人男性公民基本获得了选举权。但是,选民的种族歧视仍然存在,黑人没有选举权。到1870年,美国联邦宪法修正案第15条规定:任何人不得因种族、肤色或曾为奴隶而被拒绝或剥夺公民的选举权。黑人也获得了平等的选举权。1920年,出台了联邦宪法修正案第19条规定,女性和男性一样获得了平等选举权。至此,普选权在美国得到了确立。①

多党制是指在自由选举中,不同的利益阶层组成各自的政党,通过选举来掌握国家政权。在自由选举的过程中,逐渐形成了两党体制和多党体制。所谓两党体制就是一个国家存在两个在国家政治生活中长期居于统治地位的政党,其他政党无法与之竞争,并通过选举获得议会多数席位或赢得总统之位,以此实现轮流执政。美国是实行两党制的典型国家。最初为联邦党和共和党执政时期。1787年制宪期间,形成了两大政治派别,即联邦党和民主共和党(简称共和党)。前者主张建立一个中央集权政府;后者反对中央集权,主张扩大州政府权力。这一时期,共和党与联邦党轮流执政,互相反对对方执政时的政策。联邦党由于内讧以及亲英立场而导致崩溃,而共和党则占据了美国的政坛。其后从1828年至内战前夕,为民主党和辉格党对峙时期。民主共和党主张扩张新

---

① 应克复,金太军,胡传胜. 西方民主史. 北京:中国社会科学出版社,1997:372－374.

土地以及反对工业现代化,在这一时期执政较长时间,并改名为民主党。辉格党主张国会的立法权高于总统的行政权以及赞成经济现代化,也曾多次掌权。不过,辉格党由于存在奴隶制是否扩展至新领土之争而导致瓦解。最后从内战结束至19世纪末20世纪初,为民主党和共和党轮流执政时期。19世纪50年代末,由于在废奴问题上发生分歧,北方反对奴隶制的民主党人、前辉格党党员和奴隶解放运动者共同组成共和党,而南方辉格党人则投靠了民主党,形成了共和党和民主党分庭抗礼的局面。随着内战的结束和垄断的发展,共和党和民主党都得到了发展,再没有发生大的变化,基本稳定了下来。并且,轮流执政的格局也很稳定,1861年以来的130多年里,共和党执政80多年,民主党近50年。

所谓多党体制就是多党并存,并且,无一政党在选举中获得绝对多数议席而单独执政,需要两个以上的政党组成政党联盟才能够组成联合组阁,获得执政地位。它可分为两类:一类是两个主要政党虽占有一定优势,但无力单独组阁,需要联合第三党才能上台执政。德国基民盟——基社盟和社民党在议会中占有优势,但达不到议会多数,它们通过和自民党联合,达到联合执政的条件,并形成了多党联合轮流执政的格局。另一类是没有一个政党在议会中占有优势,它们由于利害相关而结成不同的联盟,以此实现共同执政,呈现出多党两极趋势。法国是最早建立多党制的国家。在第五共和国建立后,鉴于以前党派林立、软弱多变的危害性,建立了政党较少且党派格局比较稳定的新政党制度。1974年,法国四大政党两极化的新政党制度开始形成,即保卫共和联盟和法国民主联盟组成的右翼力量为一极,社会党和共产党组成的左翼力量为另一极。至此,法国政局开始被两大政党联盟所掌控,其他小党无缘置喙。

其次,废止专制权力,将国家权力分为立法权、行政权和司法权三种相互制衡的权力,交由不同的国家机关行使,即实行分权制衡。英国是个君主立宪制国家,最早实行权力分立制衡的原则。在英国,权力分立主要表现为立法权由国王、上院和下院组成的议会行使。英王和上院的权力日渐没落,议会的权力主要由下院行使。行政权归内阁行使;司法权由法院、上院和大法官行使。在权力制衡上,形成了如下的特点:一是立法权对行政权的制约。议会对政府制约的形式多样,主要通过行使立法权、财政权、监督权和倒阁权来加以制约、监督,其中最为重要的是倒阁权。所谓倒阁权就是议会拒绝通过政府有关重要政策的议案、财政案,或者通过了对内阁的不信任案,内阁就要全体辞职。当然,内阁可以拒绝辞职,可以向英王提请解散下院,提前进行大选。这是行政权对立法权的反向制约了。二是司法权对行政权形成制约,即法官一般终身任职,不受行政权和立法权的干扰,司法机关有权处理行政机关或行政官员违法、失职等行为。此外,行政权、立法权对司法权形成制约,即大法官、常任法官的上院议员等都由行政首脑任命。美国是个典型的三权分立的国家。与英国君主立宪制不同,美国实行的是总统共和制,其权力分立有着自己的特点。在美国,立法权属于国会,即参议院和众议院;行政权由总统掌握;司法权属于联邦最高法院及低级法院。以总统为首的行政机关不对国会产生责任关系,国会也不受制于总统。而且,"凡在合众国政府供职的人员,不得为国会议员,行政部门的人员不得向国会提出议案,不能出席国会会议。法官受理案件不受立法和行政的干扰,法官终身任职,行政部门对法官虽有任免,但无罢免权,立法部门对法官虽有同意与否决的权力,但非因法官犯罪并依法定程序弹劾外,也无罢免权。"[①]在权力制衡方面,还表现为立法权、行政权和司法权的交错制约。立法权对行政权的制衡,即国会对总统的制约体现在,

① 田穗生,高秉雄,吴卫生,苏祖勤. 中外代议制度比较. 北京:商务印书馆,2000:153.

“国会有权要求总统条陈政策以备审议；有权建议、批准总统对其所属行政官员的任命，有权批准总统对外缔结的条约，有权通过弹劾案撤换总统。”立法权对司法权的制衡体现在，“参议院对弹劾案有审判权，国会有宣告惩治叛国罪之权，有建议、批准总统对联邦最高法院法官任命之权，有弹劾审判联邦最高法院法官并撤销其职务之权。”行政权对立法权的制衡表现在，“总统对国会通过的法案享有否决权以及搁置权，副总统兼任参议院议长。”行政权对司法权的制衡体现在：“总统有特赦权，有提名并任命最高法院法官之权。”司法权对行政权、立法权制约体现在，“总统因弹劾案受审时联邦最高法院法官担任审判庭主席。此外，根据美国宪法惯例，联邦最高法院有权解释法律，宣布国会通过的法律违宪无效。”①

再次，废止任何形式的等级特权制，每个公民包括国家元首都必须遵守宪法和法律，法律面前人人平等，并保障人权和公民的基本权利。或者说，新的社会不存在凌驾于法律之上的特权，也没有不受法律限制的权力，法律是共同体内唯一至高无上的权威。由于法律的至高无上性，各国无不通过制定法律，特别是制定宪法来圈定、限制国家权力和保障公民权利。自英美法开创以宪法为立国的准绳后，仅 19 世纪 80 年间各国就制定和修改了不下 300 部宪法。以英美为例，它们的宪法形式虽然不尽相同，但都对公共权力和公民权利作出了规定。英国的宪法由一些宪法性文件组成，主要有《人身保护法》《权利法案》《王位继承法》等，它们确立了议会主权、分权、法治和人权等基本原则。美国的宪法采用成文宪法的形式，即《联邦宪法》。它规定了一些重要原则，如人民主权、代议制、三权分立与制衡、法治等，以及后来增设了公民权利。这

① 田穗生，高秉雄，吴卫生，苏祖勤. 中外代议制度比较. 北京：商务印书馆，2000：153.

些原则归根结底就是防止权力滥用和特权阶层的出现,确保每个人在法律面前的平等和享有公民基本的权利。

法律面前人人平等习惯是指把法律作为同一尺度适用于全体公民,使全体公民平等地享有权利和履行义务,不因民族、种族、性别、职业、社会出身、教育程度、宗教信仰和财产状况等差别而有所不同,任何人也不得享有特权,或受到特别的不利的待遇。1789年法国《人权宣言》对"法律面前人人平等"作了完整的表述:"全国公民都有权亲身或经由其代表参与法律的制定。法律对所有的人,无论是施行保护或处罚都是一样的。在法律面前,所有的公民都是平等的。故他们能平等地按其能力担任一切官职、公共职位和职务,除德行和才能上的差别外不得有其他差别。"1791 年和 1958 年法国宪法以及英、美等国的法律对此都有类似的规定,并初步加以贯彻落实。20 世纪特别是二战后,法律面前人人平等在比较广泛的领域得到进一步的实现。主要表现在:一是公民不分性别、职业、民族、种族、信仰、教育程度和财产状况,均享有选举和被选举权,均享有公民投票权。二是随着奴隶制度和种族歧视政策的废除,黑人和少数民族均享有同白种人一样的权利,享有同等的政治权利,同等的劳动权、教育权、休息权、社会保障权等权利。特别是,他们也可以平等地参与竞争政府的公职,担任公共机构的职位和职务,也可以成为政府官员,亦可参与竞选总统、州长、议员,担任政府总理、部长等重要职务。2009 年当选美国总统的奥巴马是美国历史上第一位具有黑人血统的总统,这说明各种族在法律上的平等在美国已经有了极大的发展。三是包括总统在内的任何一个政府官员,凡触犯宪法和法律皆绳之以法,受到宪法和法律的追究(司法部门或议会)。最典型的是美国的"水门事件",尼克松因慑于国会弹劾而辞去总统一职,这是"法律面前人人平等"在美国社会得到贯彻的表现。四是"法律面前人人平等"最重要的是司法平等,即普通公民与政府官员的利益受到同等的法律保护,并同等地依法治罪。因为为官者不但有违法乱纪和侵犯公民权利的便利,还可以有种种条件来逃避司法机关的惩处。因此,西方国家专门设有行政司法监督和公民对行政机构进行司法监督的制度,使政府官员受到更严格的法律约束,从而保障"法律面前人人平等"。①

为防止公共权力侵犯公民的权利,法律还对人权和公民的基本权利予以保障。自英国的《自由大宪章》《权利法案》始,经美国《独立宣言》和法国《人权宣言》,到美国的《权利法案》,英美法三国宪法无一不是为了限制国家和政府的权力,并且为人民保留政府不得侵犯的、被称之为人权和基本自由的权利。这些人权归纳起来说,主要包括生命权、自由权、平等权、财产权、反抗权和追求幸福的权利。

英国是世界上最早对人权加以保障的国家。早在资产阶级革命前,英国就已经进行人权立法。《自由大宪章》是其人权立法的开端,其主要法律原则是"王权有限,法律至上"和保护公民权利 。《自由大宪章》第 12 条规定:"朕除下列三项税金外,不得征收代役税或贡金,但全国公意所许可者,不在此限。"第 39 条规定:"任何自由人,如未经其同级贵族之依法裁判,或经国法判决,皆不得被逮捕、监禁、没收财产、剥夺法律保护权、流放,或加以任何其他损害。"英国还制定颁布了《人身保护法》和《权利法案》,其中《权利法案》是英国关于个人自由权利最重要的一部法律。它进一步限制了王权,保障了公民的权利。它规定,未经议会同意,国王擅自颁布法律或废除法律,征收和支配税收,皆为非法;向国王请愿,乃臣民之权利,一切对此项请愿之判罪或控告,皆为非法;不应要求过多的保释金,亦不应强课过分之罚款,更不应滥施残酷

① 应克复,金太军,胡传胜. 西方民主史. 北京:中国社会科学出版社,1997:433 - 435.

非常之刑罚;定罪前,特定人的一切让与及对罚金与没收财产所做的一切承诺,皆属非法而无效。总之,英国通过宪法来保障公民的权利,确保了公民享有基本的人权。

法国是人权的发源地。1789 年,大革命之初,法国就通过并公布了世界上第一部以人权二字命名的宪法性文件——《人权宣言》。它强调了自然天赋、人人平等、具有不可剥夺的人权。它在序言中指出了人权的重要意义:“不知人权、忽视人权或轻蔑人权,是造成公众不幸和政府腐败的唯一原因,所以,决定把自然的,不可剥夺的和神圣的人权阐明于庄严的宣言之中。”在接下来的 17 个条文中,有如下几条直接规定了对人权的保障:“人们生来并且始终是自由的,在权利上是平等的”(第 1 条),“一切政治结合的目的都在于保存自然的、不可消灭的人权,这些权利是自由、财产权、安全和反抗压迫”(第 2 条)。“自由交流思想和意见是最尊贵的人权之一,除了在法律规定的情况下滥用自由应负责外,都可以自由地发表言论、写作和出版”(第 11 条)。“除非在法律规定的情况下并且依照法律已经规定的程序之外,任何人都不受控告、逮捕或者拘留”(第 7 条)。“财产权是不可侵犯的,神圣的权利”(第 17 条)。《人权宣言》的这些原则后来被写入法国宪法中,成为宪法的重要组成部分。也就是说,法国公民的权利获得了宪法的保障。

美国也是最早主张人权的国家之一。1776 年通过的《独立宣言》就高扬“天赋人权”的大旗,它指出:“人人生而平等;他们为造物主赋有某些不可让渡的权利,其中包括生命、自由和追求幸福的权利;为了保障这些权利,政府便在人民中间成立起来,由被统治者同意而取得正当的权力;任何政府形式一旦变得有害于这些权利,人民就有权以改变或废除而另设新政府,把新政府的基础放在他们认为最能促进自己的安全和幸福的原则上,并按照符合这一目的的形式组织新政府的权力。”1791 年,国会通过了宪法前 10

条修正案,即《权利法案》,规定了公民的基本权利。其主要内容:国会不得制定法律确立国教或禁止信教自由,无权通过限制公民言论、出版、和平集会和向政府请愿自由的法律。公民拥有人身、住宅、文件和财产不受无理搜查和扣押的权利。无论何人不得因同一犯罪行为而两次遭受生命或身体的危害,不得在任何刑事案件中被迫自证其罪;不经正当法律程序,不得被剥夺生命、自由和财产。未经公平的赔偿,私有财产不得收为公有。宪法未授予合众国也未禁止各州行使的权力,由各州和人民自己保留。可见,美国也以宪法的形式赋予和保障了公民的权利。

下　篇
现实与未来:无人化社会

进入20世纪后,科学迎来了第三次革命。这次革命首先发生在物理学中,以爱因斯坦创立相对论和普朗克、德布罗意、海森堡等建立量子力学为标志,它们揭示了时空、物质、运动之间的统一性和微观粒子的波粒二象性,给科学带来思想大解放,对整个自然观产生了巨大的变革。在物理学革命的巨大带动下,化学、天文学、地球科学和生命科学等获得了重大突破。其中,粒子物理学中的夸克模型、宇宙学中的大爆炸模型、分子生物学中的DNA双螺旋模型和地质学中的板块模型就是20世纪古典理论科学具有代表性的理论建树。20世纪自然科学另一个重大的发展是复杂科学的兴起,包括信息论、控制论、系统论"老三论"和耗散结构论、协同论、突变论"新三论"以及超循环理论、混沌学等。这些科学"与古典自然科学注重世界的简单性和原子构成性形成对照,整体的观念、非还原的观念、非决定论的观念、复杂性观念、不可逆性的观念被突出出来,与自然界生命的原则、有机的原则相衔接"①。在科学发展巨大成就的深刻影响下,技术也发生了前所未有的革

① 吴国盛.20世纪的科技展示了科学本身的某种界限——回顾百年科技.国际经济评论.1999;2.

命。这就是第三次技术革命。它发生在20世纪40年代,目前还在迅速的发展。其主要标志是原子能、电子计算机和空间技术的广泛应用,其主要内容包括信息技术、新材料技术、生物技术、新能源技术、空间技术和海洋技术领域里的革命。具体地说,第三次技术革命可分为六个阶段:1945—1954年,是以原子能的释放和利用为标志,人类开始了利用核能的新时代;1955—1964年,是以人造地球卫星的发射成功为标志,人类开始向外层空间进军;1965—1974年,是以分子生物、分子基因、微生物理论、基因工程为标志,人类进入了控制遗传和生命过程的新阶段;1975—1984年,是以微处理机大量生产和广泛使用为标志,揭开了扩大人脑能力的新篇章;1985—1994年,是以软件开发和大规模产业化为标志,人类进入了信息革命的新纪元;1995—2004年,主要以纳米科技和生命科技为主。[①] 目前,高新技术的发展又将进入新的阶段。这其中以电子计算机的发明以及由此引发的信息革命对社会产生的影响极为明显,也极为深刻。如果说工业革命把动力工具或者说机器带入到这个世界,使人类从繁重的体力劳动解脱出来的话,那么,电子计算机的发明和信息革命的产生则把"聪明"的机器或者说一种新的工具——电子计算机——带进人类社会,它使得人类从纷繁的非创造性脑力劳动甚至是创造性脑力劳动中解放出来,推动着半人力型社会向完全人力替代型社会或者说无人化社会发展。这是具有里程碑意义的一步,也是通向无人化社会的第一步。

① 徐同文,宋乐光.现代科学技术教程.北京:教育科学出版社,2007:21.

第三章 无人化社会的基础

科技在很大程度上是决定社会性质的重要因素,也是推进社会发展的重要动力。从人力型社会进入到半人力型社会是如此,从半人力型社会进入到无人化社会更是如此。如果说半人力型社会的产生有赖于材料和能源科技的发展,那么,无人化社会的产生和发展则高度依赖于信息技术包括微电子技术、计算机技术与网络技术、机器人技术、纳米科技和有关人脑的科技,是科技综合发展的结晶。不得不说的是,随着科技的深入发展,其对社会的推动作用越来越显性,也越来越直接,不仅仅是基础性的推动作用,人的因素在逐步地退化。也就是说,社会在科技的作用下自动生成。

电脑或者电子计算机——一种替代人的脑力的工具或者说自动、高速、精确存储和处理信息的工具——的发明和广泛应用是进入无人化社会的标志。1946 年,世界上第一台电脑 ENIAC(埃尼阿克)诞生于美国,其全称是“电子数值积分和计算机”,主要进行数值计算。“ENIAC”由大约 18000 个电子管和 1500 个继电器以及其他器件组成,不仅体积非常庞大,而且也非常重。它的总体积约 90 立方米,重达 30 吨,占地 170 平方米,存放它的房间有 30 多米长。它耗资 45 万美元,耗电 150 千瓦。它的运算速度在当时是首屈一指的,运算速度为每秒 5000 次加法,或者 400 次乘法,比机械计算机快 1000 倍,比人工计算快 20 万倍。“埃尼阿克”也存在着很明显的缺点。由于其采用外部插入式的程序,在进行新的计算时,需要花费几小时或 1 ~ 2 天的时间来重新连接线路;另外,它存储量太小,最多只能存 20 个 10 位的十进制数。虽然“埃尼阿克”笨重且存有致命的弱点,但是,电子计算机技术的发展超乎想象,也使得电子计算机的性能和功能得到了极大的提升。

电子器件作为计算机系统的物质基础,它的升级换代推动着电子计算机显著进步。而电子技术特别是微电子技术的发展推动着电子器件不断发生变革。1905 年,发明了世界上第一个真空电子管。它可以控制电子的输送,在放大过程中不损失信息。这是电子技术的一次重大技术突破,标志着人类社会进入了电子化时代。它广泛应用于通信、雷达、广播、电视等,特别是应用于计算机的制造中,产生了人类第一台电子计算机。正如前面所言,这台电子计算机体积庞大。而这很大程度上归因于真空管本身的特点或者说缺点。真空管体积大、耗电大、可靠性不高和寿命受限等。针对真空管的缺点,有必要研制新的电子管。于是,1947 年,美国人发明了晶体电子管(又称为固体电子管)。晶体管的发明拉开了微电子技术的序幕。晶体管最初以锗单晶为制作材料,但用它制作的晶体管有着明显的缺点,即漏电流大,工作电压低,表面性能不稳定,可靠性和寿命不佳。后来发现半导体硅比锗有更多的优点。因为硅表面可以形成稳定性好、结构致密、电学性能好的二氧化硅保护层,而这使得硅晶体管比锗晶体管更加稳定,性能更加好。与真空管相比,晶体管具有无可比拟的优点。它耗能低,能耗仅为电子管的十分之一或几十分之一;寿命长,一般比电子管长 100 到 1000 倍;可靠性高,比电子管可靠 100 倍,且耐冲击、耐振动,这都是电子管所达不到的;体积小,只有电子管的十分之一到百分之一,且放热少,响应速度快,准确性高,适用于小型、复杂和可靠的电路。需要说的是,早期的晶体管是点接触晶体管,它和其他元件组成分立电路。这种电路存在着体积大、焊点多、可靠性差等缺点。但随着平面晶体管和半导体集成电路的问世,这些缺点都得以克服。集成电路与由分立元器件组成的电路相比较,具有体积小、重量轻、功耗低、速度快、可靠性高、成本低等优点,不断提高芯片的集成度成为微电子技术发展的趋势。随着微电子技术的迅猛发展,集成电路每过 18 ~24 个月,芯片集成度就提高一倍,即著名的"摩尔定律"。至今集成电路的集成度已提高了500万倍,特征尺寸缩小了200倍,单片集成度达到数亿个晶体管。其发展经历若干发展阶段:20世纪50年代末发展起来的小规模集成电路(SSI),集成度仅10个元件;60年代发展的是中规模集成电路(MSI),集成度为1000个元件;70年代又发展了大规模集成电路(LSI),集成度大于1000个元件;70年代末进一步发展了超大规模集成电路(VSLI),集成度在10^5个元件;80年代更进一步发展了特大规模集成电路(USLI),集成度比VSLI又提高了一个数量级,达到10^6个元件以上。随着集成度的提高,要求器件尺寸不断减小。1985年,1兆位USLI的集成度达到200万个元件,器件条宽仅为1微米;1992年,16兆位的芯片集成度达到3200万个元件,条宽减到0.5微米,而后的64兆位芯片,其条宽仅为0.3微米。① 随着元器件的尺寸逐渐缩小到纳米量级时,传统微电子技术将面临挑战。于是,纳米电子技术应运而生。需要指出的是纳米电子技术是纳米科技的一个分支,纳米科技主要研究结构尺寸在0.1至100纳米范围内材料的性质和应用,还包括纳米材料学、纳米动力学等。纳米电子技术将超越集成电路发展中的物理极限,通过研制单电子晶体管等体积小、速度快、功耗低的崭新器件,实现微电子技术的重大突破。目前,人类已能按照自己的意志直接操纵单个原子。1990年,美国IBM公司的两位科学家经过22个小时的操作,把几十个氙原子排成了"IBM"字样。并且,单电子晶体管业已研制成功。

不得不说的是,在硅基材料趋向极限时,新的材质和元器件也被发明出来。这就是石墨烯和忆阻器。石墨烯于2004年由英国曼彻斯特大学的安德烈·海姆和康斯坦丁·诺沃肖洛夫研制出

① 肖甘.电子技术的发展与纳米电子技术.成都纺织高等专科学校学报.2000(1).

来。石墨烯,又称为单原子层石墨晶体,是由碳原子组成的单原子层平面薄膜;其厚度只有0.335纳米,是迄今世界上最薄的材料。石墨烯拥有完美的对称正六边形结构,非常稳定,而且各个碳原子之间的连接很柔韧,即使受到外力冲击,也可以通过弯曲变形来维持稳定。石墨烯是迄今已知最强韧的材料,其力学强度可达130 GPa,是钢的100多倍。石墨烯稳定的正六边形结构使电子能够极为高效地迁移。由于电子和原子的碰撞,传统的半导体和导体(例如硅和铜)用热的形式释放了一些能量,目前一般的电脑芯片以这种方式浪费了72%~81%的电能。石墨烯则不同,它具有独特的线性电子能带结构,其传导电子是无质量的狄拉克费米子。电子在石墨烯中运动几乎没有阻力,电子能量不会被损耗,是目前室温下导电性最好的材料;加之,迁移速度极快,是世上已知的电阻率最小的材料。石墨烯的热传导率高,达5000W $m^{-1}K^{-1}$,导热性能优于碳纳米管和金刚石。石墨烯几乎完全透明,只吸收2.3%的光。由于石墨烯独有的结构和超强的性能,它被称为"神奇材料"。

石墨烯作为一种重要的功能性碳基纳米材料,由于其高强度、高导电导热性、极轻薄等特性,在电子学、能源和机械等领域应用前景广阔。就电子学领域而言,虽然硅是电子器件中的主流材料,但是石墨烯的特性使其有望在很多方面代替硅。一般而言,晶体管的尺寸越小,其性能就越好。硅材料在10纳米的尺度上稳定性就已变差,而石墨烯却可以将晶体管尺极限向下拓展到1个分子大小。据报道,2010年,IBM的研究人员用石墨烯开发出新款晶体管,其截止频率可达100 GHz,沟道长度为240纳米。2011年,IBM研究人员研发的石墨烯晶体管截止频率达155GHz,沟道长度约为40纳米。这是迄今为止运行速度最快的射频石墨烯晶体管。此外,量子点的半导体特性要优于硅材料器件,2010年,美国莱斯大学研发出石墨烯量子点新制作方法,并以此制造单分子传感器。

随着纳米技术的进步，科学家希望石墨烯晶体管能替代现有的硅材料，成为未来的超高速计算机的基础。当然，在这一过程中，对于石墨烯能否取代硅仍存在争议。IBM 纳米级科学研究部经理费登·艾文里斯表示："我认为，石墨烯很难替代硅。石墨烯没有能带隙，这意味着石墨烯并不拥有晶体管所具有的开或关功能，它无法停止导电或导热，这就使其无法循环使用。石墨烯和硅应该术业有专攻，应用于不同的领域。"他还表示："如果石墨烯能够取代硅，我们将是最高兴的人。但是，最重要的是，研究人员要保持清醒客观，不要夸大其词。"

忆阻器是记忆电阻器的简称，是一种有记忆功能的非线性电阻器。它是继电阻器、电容器和电感器之后第四种基本的电路元件。1971 年，华裔科学家蔡少棠从理论上预言了忆阻器的存在。2008 年，惠普科研人员在《自然》杂志上撰文证实了忆阻器的存在，同时，成功制造出了忆阻器的实物模型。忆阻器最大的特性是能够透过电阻"记忆"其间电流的变化，或者说"记忆"流经它的电荷数量。简要地说，就是它的电阻会随着通过的电流的增大或减小变化自身的阻值，当电流被关闭，它的电阻仍然会停留在之前的状态值，而当它接受到反向的电流时，它又会被推回去。如果定义高阻值为"1"，低阻值为"0"，就可以实现数据的存储。2010 年，惠普科研人员再次宣布，忆阻器可进行布尔逻辑运算，能用于数据处理和存储应用。忆阻器优异的性能使得它具有很广泛的应用前景，其或许可取代硅晶体管，从而改变整个计算机行业。利用忆阻器能制成即开型个人计算机。通过忆阻器构造新型的非易失性随机存储器，借助于非易失性随机存储器，开机是瞬间的，并且，计算机会回到关机时的状态。2011 年，惠普实验室研发出 RRAM 的样品，只有 15 纳米大小，存储密度可达到每平方厘米 12GB。其次，为开发模拟式计算机或仿生逻辑电路铺平道路。由于忆阻器能让电脑理解以往搜集数据的方式，可让计算机在找出自己保存的数据时更加智能，以此开发仿真类脑的硬件来模拟大脑功能。具备此功能的计算机可以做许多种数字式计算机不太擅长的事情——比如做决策，判定一个事物比另一个大，甚至是学习。这样的硬件可用来改进脸部识别技术，应该比在数字式计算机上运行程序要快几千到几百万倍。① 2012 年，比勒菲尔德大学托马斯博士及其同事制作出了一种具有学习能力的忆阻器。2013 年，托马斯利用这种忆阻器作为人工大脑的关键部件。在托马斯看来，忆阻器与突触存在着相似性，因而，它成为制造人工大脑——从而打造出新一代的电脑的绝佳材料，“它使我们得以建造极为节能、耐用，同时能够自学的处理器”。在他对自己的实验结果总结中，专门说道忆阻器应像突触一样，“注意”到之前的电子脉冲；而且只有当刺激脉冲超过一定量时，神经元才会做出反应，忆阻器也是如此。②

随着微电子技术的迅猛发展，计算机的发展也经历了巨大的变化，共经历了四代：第一代以真空电子管和磁鼓存储器为主要特征，运算速度比较慢，每秒几千次到几万次；第二代以晶体管和磁芯存储器为主要特征，运算速度为 100 万次/秒；第三代以中、小规模集成电路为主要特征，运算速度为 1000 万次/秒；第四代以大规模集成电路和超大规模集成电路为主要特征，运算速度最高达到了每秒几百万亿次。这里需要指出的是，20 世纪 70 年代诞生了微处理器和微机，成为计算机发展史上具有里程碑意义的事件。微处理器自 1971 年被发明出来，发展极为迅速。最初为 4 位微处理器，如 Intel 4004，它集成晶体管 2300 只。到 1985 年，32 位微处理器出现了，如 Intel 80386，它采用 1.2 微米工艺，集成 27 万 6 千左右的晶体管。2001 年，英特尔又推出 Pentium4 微处理器，速度

---

① 电路世界有了第四种基本元件. 科技与出版，2008(8).

② 忆阻器 初露峥嵘. 电子元件与材料，2013(4).

为80486的40倍。进入21世纪后,又发展出双核和多核芯片,如Core i3、Core i5和Core i7。随着处理器集成度的提高,体积越来越小,计算机也越来越小,并向着标准化、多样化和通用化发展。计算机小型化的同时,超级计算机也得到了快速发展。所谓超级计算机就是数百数千甚至更多的处理器(机)组成的、能进行一般计算机和服务器无法进行大型复杂计算的计算机,其在计算机中功能最强、运算速度最快、存储容量最大,主要用于科学计算,体现了一个国家的科技发展水平和综合国力。2008年,美国研制出当时世界上运算速度最快的计算机"走鹃",其最大运算速度达每秒1042万亿次,为世界上第一台运算速度超千万亿次的超级计算机。2013年,中国国防科学技术大学研制的"天河二号"以每秒33.86千万亿次的浮点运算速度,成为全球最快的超级计算机,运算速度比第二名快近一倍。不仅如此,计算机软件系统也得到了快速的发展,使得计算机应用得到了很大的普及。计算机软件系统主要包括系统软件和应用软件。系统软件主要包括操作系统、程序设计语言、数据库管理系统和辅助性工具软件。操作系统是软件系统的核心,直接管理和控制着计算机软硬件资源。目前主要有DOS、Windows、UNIX、Linux等。其中微软的Windows操作系统以全图形界面和可视化操作方式方便了使用者,为大众广泛使用。自1985年首次发布以来,目前已发展到Windows8。程序设计语言用于书写计算机程序的语言,常用的有BASIC语言、C语言、C++语言和Java语言等。数据库管理系统是存储和管理结构化数据的系统,用于建立、使用和维护数据库。常用的主要有dBase、FoxPro、Access、Oracle和DB2。辅助性工具软件用于维护计算机系统的正常运作,最为熟知的这类软件就是杀毒软件。应用软件处于软件系统的最外层,大体可分为信息管理类、文字和表格处理软件、游戏软件以及多媒体软件等。

目前,微电子技术和纳米电子技术正在迅猛发展着,必将推动计算机有大的发展。在不久的未来,将会产生纳米计算机、量子计算机、光子计算机、生物计算机和人工智能计算机。纳米计算机将装配纳米内存芯片,其体积比头发丝还要细千倍。一旦研制成功,就会促进穿戴式计算机的研究。人工智能计算机能模拟人的逻辑思维和形象思维,具有能理解自然语言、声音、文字和图像的能力,能进行联想和推理以及解决复杂问题,等等。量子计算机以处于量子状态的原子作为中央处理器和内存,或者说利用量子叠加态以及纠缠态进行信息处理,其优点是运算速度极快,存储能力极强,发热量极小,能对量子系统模拟。总之,随着科技的发展,计算机体积会愈加小巧,性能愈加强大,智能化程度愈加高。

计算机网络利用通信线路和通信设备,将若干具有独立功能的计算机连接起来,以此实现资源共享等功能,是计算机技术和现代通信技术结合而形成。现代通信技术是计算机网络的重要基石之一,主要包括光纤通信、微波通信、卫星通信和移动通信等。光纤通信是以光波为载体、以光纤为传输媒介的通信方式。1966年,"光纤之父"高锟提出以石英基玻璃纤维作为远程信息传递的媒介,且当玻璃纤维损耗降到 20dB/Km 时,就可以进行通信。自此,光纤通信技术发展迅猛,主要分为三个阶段:光纤开发研究阶段(1966—1976 年),主要是在 1970 年研制出了低损耗光纤和半导体激光器,为光纤通信的发展奠定了基础;光纤性能提高研究和应用推广阶段(1976—1986 年),主要发展出了四代光纤通信技术,从 1978 年的第一代速率为 100Mb/s、中继距离为 10Km 的光纤发展至第四代速率为 2.4Gb/s、中继距离为 100Km 的光纤,并实现了商业化运作;第三阶段为进一步提升光纤性能阶段(1986—1996 年),主要研制出了第五代光纤通信技术,以频分复用倍增速率和使用光放大器为标志,实现了在 2.5Gb/s 传输 4500Km 和 10Gb/s 传输 1500Km。2001 年底,40Gb/s 的系统已实现实用化。目前,160Gb/s 速率 ETDM 和 640Gb/s 速率 OTDM

成功进行了传输试验。由于光纤通信频带极宽、信容量大、损耗低、抗电磁干扰强、保密性好等优点,其发展速度很快,应用面很广,成为各种信息网的主要传输工具。微波通信是一种主要的无线通信方式,通过利用0.1毫米至1米之间的微波进行中继传输信息,具有容量大、传输质量好和维护方便等优点。20世纪后半叶以来,随着微电子技术的发展,数字微波通信系统发展较快,传输效率大为提高,传输容量也大为增加。目前,微波通信以SDH(同步传输)微波通信体制为发展方向,它以八个束波在一条电路上同时传送三万多路数字电话电路。

卫星通信是以人造卫星为中继站来进行远距离信号的传输,是远距离、大范围通信的主要方式。卫星通信优势明显,主要有通信距离远、覆盖面积大、通信频带宽、传输容量大、通信质量高、不易受陆地自然条件和自然灾害的影响等。静止卫星通信是卫星通信的主要方式之一,卫星运行在距地面约36000Km高度的圆形轨道上,运行方向与地球自转方向相同,运行周期与地球自转周期一样,故称静止卫星或同步卫星。以静止卫星来中继传输信号就是静止卫星通信系统,它只需3颗等间隔配置的静止卫星就能实现全球通信,是全球通信的主要方式。静止通信卫星技术发展很快,并向着增大发射功率、增加卫星转发器数量和增加带宽等方向发展。国际通信卫星组织Intelsat自1965年发射世界上第一颗半实用、半试验的静止卫星——Intelsat1以来,已经发展了10代卫星。第一代Intelsat1只有2个通信转发器,提供50MHz的带宽,能传输240路话音或1路电视信号。到了第10代Intelsat,其体积是所有Intelsat中最大的,能提供近8KW的功率,其中Intelsat10-2包含45个C波段和16个Ku波段的转发器,提供固定电话、数据和广播等业务。移动卫星通信是另一种卫星通信方式,主要以距离地面几百千米或几千千米的中、低轨道卫星来中继传输信号,它用几十颗中、低轨道卫星把地球表面覆盖起来,每颗卫星可以覆盖直径为几百千米的面积。当然,它也可以使用静止卫星进行移动通信。移动卫星通信采用天线波束成形、多点波束蜂窝机构等技术来实现高密度、多重的频率再利用。全球星系统是典型的低轨道卫星系统,有48颗卫星,分布在1389千米、52°倾斜角的8条轨道上。每颗卫星有6个点波束,容量为2880条电路。它采用先进的CDMA技术,具有容量大,频谱效率高等优点,能为用户提供语音、数据和传真等业务。国际移动卫星组织于2005年发射的Inmarsat-4卫星采用高效的频率复用技术,具有全球波束和19个宽点波束以及228个窄点波束,其容量是第3代卫星的16倍,转发器功率14KW,EIRP 67dBW,每个信道200KHz,并可以信道组合使用,信道总数超过600个。[①] Inmarsat-4卫星引入了宽带全球区域网(BGAN)新业务,并支持第三代卫星上的全部数字业务。

移动通信是至少有一方在移动中进行的无线通信,具有在移动中通信、在强干扰环境下工作、通信系统复杂和高频率利用率等特点。移动通信的历史虽然可追溯至20世纪初,但是,进入个人领域还是在20世纪70年代至80年代间,主要是因为微电子技术和微机的快速发展。移动通信系统发展很快,自美国贝尔实验室提出并应用蜂窝网的概念后,经历了四个发展阶段:第一代是模拟移动通信系统(20世纪70年代中期至80年代中期),它以模拟方式工作,采用了多信道共用和频分多址(FDMA)技术,典型代表是美国的先进移动电话系统AMPS和英国的总接入通信系统TACS,其中AMPS使用800MHz频带,TACS使用900MHz频带。第二代是数字移动通信系统(20世纪80年代至20世纪末),以数字传输、时分多址(TDMA)或码分多址(CDMA)技术为核心,主要传输话音和低速数据,因此又称为窄带数字通信系统。典型代表是美国的DAMPS系统、IS-95和欧洲的GSM系统。第三代是宽带移

① 汪志斌. Inmarsat海事卫星系统的应用与发展. 上海信息化,2011-11.

动通信系统(21 世纪初至今),把无线通信和互联网结合在一起,采用码分多址(CDMA)技术,具有支持多媒体业务的能力特别是支持 Internet 的能力。它在室内、室外和行车传输速率至少为 2Mb/s、384kb/s 和 144kb/s,有四个通信标准:TD - SCDMA、WCDMA、CDMA2000 和 WiMAX。第四代移动通信系统目前正在研究中,主要研究技术包括正交频分复用技术(OFMD)、软件无线电技术、智能天线技术、MIMO 和基于 IP 的核心网等,要求固定和移动状态下传输速度分别为 1Gb/s 和 100Mb/s。它是一种超高速网络,具有通信速度更快、网络频谱更宽、频率使用效率更好、通信更加灵活等特点。现有两个通信标准:LTE - advanced 和 WiMAX。

随着计算机技术和通信技术的发展,计算机网络也发展很快,经历了一个简单到复杂的演变过程,即面向终端的计算机网络、多个计算机互联的计算机网络、计算机互联网络。第一代计算机网络是面向终端的计算机网络,建于 20 世纪 50 年代初。这种计算机网络比较简单,它由一台主机和若干个终端组成,其中主机是网络的中心和控制者,其他终端不具有自主处理能力,只能从主机中获取软硬件资源。第二代网络是多个计算机互联的计算机网络,出现在 20 世纪 60 年代末。这种计算机网络通过通信线路将计算机连接起来,计算机之间不分主从关系,可以共享计算机网络中的软硬件资源。美国国防部 ARPA 于 1969 年建立的 ARPANET 就是一个典型。ARPANET 通过有线、无线和卫星通信线路,将美国和欧洲等地连接起来,起初只有 4 个节点,随后发展到 40 个节点,乃至 100 多个节点。ARPANET 是计算机网络技术发展的一个重要的里程碑,主要体现为采用了分组交换技术和 TCP/IP(传输控制协议/互联网络协议)协议,提出了资源子网、通信子网的两级网络结的概念,为 Internet 的形成奠定了基础。第三代计算机网络是计算机互联网络,出现在 20 世纪 80 年代,并在 20 世纪 90 年代得到了快速发展。随着微机的广泛应用和开放系统互联参考模型(OSI RM)的提出,打破了以往主机—终端系统的关系,促进了计算机网络的发展。任意计算机通过其所在的局域网就能接入广域网,局域网和广域网、广域网和广域网之间是互联互通的。这样,就形成了一个大型的、层次结构的互联计算机网。Internet 就是这样发展起来的。1988 年,美国国家科学基金会(NSF)建立基于 IP 协议的计算机通信网络 NSFNET,将美国 5 个超级计算机中心连接起来,实现资源共享。NSFNET 在与 MILNET(从 ARPANET 分离出来)连接后,采用了现在的 Internet 名称。此后,NSFNET 所覆盖的范围逐渐扩大到全美大学和科研机构,成为 Internet 的主干网之一。20 世纪 90 年代以来,以美国 Internet 为中心的网络互连向全球蔓延,其间欧洲核子中心开发出的万维网(WWW)服务加速了互联网的发展,从而形成了今天世界范围内的互连网络。目前,下一代互联网正在研究和试验中,它完全采用 IPv6 协议,网速是现在的 1000 ~ 10000 倍,每个家庭都将配备一个 IP 地址。

在互联网发展的同时,在互联网基础上延伸和扩展出新的网络形式——物联网。物联网顾名思义就是物物相连的互联网。具体地说,物联网通过各种把传感器、嵌入式系统、全球定位系统等信息识别、跟踪、传感设备装备到各种物体上,达到对任何需要监控、连接、互动的物体或过程实时采集声、光、热、电、力学、化学、生物、位置等各种需要的信息,并经过各类网络(主要是无线网络),联接物与物、物与人,实现对物品和过程的智能化感知、识别、定位、跟踪、监控和管理。或者说,物联网是把世界上所有物体都连接到一个网络中,形成“物联网”,然后“物联网”又与现有的“互联网”结合,实现人类社会与物理系统的整合,以更加精细和动态的方式去管理生产和生活。其主要特征是:一是互联网特征,即物体接入能够实现互联互通的互联网络;二是识别和通信特征,即物体具有自动识别与物物通信的功能;三是智能化特征,即网络系统具有自动化、自我反馈与智能控制的特点。[①] 需要说的是,物联网关键技术有自动识别技术、传感技术、网络技术和数据处理技术,其中 RFID 技术(非接触自动识别技术)是物联网的核心技术,RFID 技术操作方便简洁,无需直接接触,已发展了四代。第一代 RFID 只具有最基本的功能;第二代 RFID 具有抗碰撞、可重写、外天线和识别功能;第三代为传感 RFID,具有半无源、传感、监控、数据处理、通信和功率管理功能;第四代为主动 RFID,具有有源设备、监控、传感器、数据处理、通信、功率管理和本地化功能。下一代为交互 RFID,具有智能设备、监控、传感器、数据处理、网络通信、功率管理、本地化、定位以及与用户的交互功能,此时,它与传感器的界限很难区分。[②]

互联网和物联网将机器和物理系统连为一体,但是,很明显,人始终是"外在"于这个网络,而不是"内在"于这个网络。国际电信联盟曾提出要将人与人互联,所谓人与人互联就是要不依赖于计算机进行互联,即"内在"于网络之中。也就是说要在已有的网络之外形成一个新的网络——人联网。如此,形成了一个泛在网络。

一般来说,在人联网中,完全生物意义上的人应该是不存在的,他的体内或多或少存在着电子芯片。也就是说,在人体内特别是人的大脑中植入电子芯片,形成所谓的电子人,才能与非生物的网络连接起来,才能形成人与人直接的连接。在人体内,植入记录人体生化特征的芯片或纳米机器人,可以检测人的各种理化指标,乃至定位等,并将它发送至电脑。在人脑内,植入神经植入装置,捕捉大脑的神经生物学信号,以此来控制外部物体。目前,科学家

---

① 石志国,王志良,丁大伟. 物联网技术与应用. 北京:清华大学出版社、北京交通大学出版社,2012:8.

② 韩毅刚,王大鹏,李琪等. 物联网概论. 北京:机械工业出版社,2012:14.

正在研究把计算机直接与大脑连通,建立一条可靠的连接;同时,探究大脑的神经编码,在电脑与神经元的语言之间搭建一座桥梁。这就是BCI(Brain-Computer Interface的缩写)技术,即脑机接口技术。BCI技术有单双通道之分,单通道BCI技术只能在同一时刻用电脑接受大脑指令或向大脑发送指令,而双通道BCI技术则能在大脑和电脑之间同时建立起信息交互链路。目前,主要集中在单通道BCI技术领域,该技术通过直接采集来自大脑的神经生物学信号,并将其转换为输出指令,而不依赖正常的外围神经中枢和肌肉组织输出通道来实现指令传送。美国堪萨斯州立大学的李军和他的同事们就研制出一个刷状结构装置,里面的纳米管刷毛就是刺激神经元或者接收神经信号的电极。当然,第一步还是直接利用自然的脑电信号(EEG)来控制外界物体,或者利用外在设备直接干涉脑活动。这在某种程度上来说是初级的。更高级的应该是借助人工装置来与人脑活动连接在一起,从而达到自如控制外在物体或获取外在信息或者载入外界信息,与其他网络无缝链接。需要指出的是,人联网建立后,沟通效率大为提高,人为的误会也大为减少,但随之而来的是隐私如何保护,需要把自己的一切都坦露出来吗?或者有隐私吗?需要设类似防火墙的电子装置吗?我想恐怕有。还需要指出的是,在另一技术路线上,基因工程的进步推动着人类的进化,直接的心灵感应成为可能。借助心灵感应,人与网络之间进行了互联,但是,它们之间应该需要有类似网关的装置,以便于心灵与网络的连接,因为生物体和非生物体之间的连接不可能是直接的,需要某种形式的转换;另一方面,心灵感应之间也需要开关切换乃至保护隐私,也就是说需要在大脑中有某种装置来控制。这又使得技术指向了人工装置,也就是说电子人是未来人存在的主要方式。所有的又回归到本段开头所说的。最后需要指出的是,既然人这么复杂的动物都直接互联互通,那么人与禽兽之间是否也可以互联互通,人与植物之间是否也可以互联互通呢?也就是说,在机器、物体、人之间互联后,是否与大自然也互联呢?是否与月球乃至其他星球的人造装置互联呢?

机器人技术是随着计算机和自动化的发展而发展起来的,整合了机械、电子、信息和控制技术等。所谓机器人是一种依赖自身驱动装置和控制能力来完成各种作业的自动化机器装置。现代机器人出现在20世纪中期,1954年,第一台电子可编程序工业机器人——可编程关节传送装置诞生在美国。这是一台示教再现机器人,它利用伺服技术来控制机器人的关节,利用人手对机器人进行动作示教,机器人能实现动作的记录和再现。这成为现有机器人通用的控制方式。自此后,机器人发展迅速,经历了三个发展阶段,主要是:第一代机器人是程序机器人或工业机器人,问世于20世纪60年代。它们只能执行预定的程序,其主要特点是可编程、拟人化以及通用性。它由三个基本部分组成,即主体、驱动系统和控制系统,其中控制系统是机器人的大脑,目前已向开放性、模块化和网络化发展。它主要代替人做一些单调重复的作业,如点焊、弧焊、喷涂和搬运等工作;或是危险、恶劣环境下的作业,如搬运对人体有害的物料。第二代机器人是具有感知功能的机器人,出现在20世纪80年代。它装有传感系统,对外界环境具有很强的感知能力,对环境适应能力也很强,能完成更为复杂的工作任务。机器人视觉系统出现在20世纪60年代、70年代以后,实用性的机器人视觉系统出现了。触觉系统的研究始于80年代初,到90年代初已有了长足进步的成果。第三代机器人是智能机器人,它是在人工智能、模糊控制和神经网络等技术的基础上发展而来,不仅具有感知功能,还具有记忆、推理和决策能力。它能根据人的命令或周围环境自行做出相应的行动,即按任务编程,具有高度的应变性。随着机器人相关技术的进一步发展,机器人不仅具有很高的思维能力,而且,将会具有自我意识,能够理解人类的语言,并能理解人类的行为与情绪。这意味着机器人在各方面能力上与人平起平坐,乃至会超越人的能力。换句话说,机器人可以替代人的体力和脑力劳动,人将从各种生产、管理乃至研发活动中被“抛出来”。这里不得不提的是仿人机器人。所谓仿人机器人是一种外观与人相似,具有移动功能、感知功能、操作功能、学习功能、自治能力、联想记忆、情感交流的智能机器人。它具有灵活的行走机构,可以随时走到需要的地方,包括一些对普通人来说不易到达的角落,完成人指定或预先设置的工作。仿人机器人的研制始于20世纪60年代末。1968年,美国试制了一台Rig的操作型二足步行机构,拉开了仿人机器人研究的序幕。1973年,日本研制出世界上第一台真正意义上的仿人机器人WABOT-1。它可以与人交流,并能静态行走。[①] 2003年,日本推出的ASIMO仿人机器人装有大量传感器,能迅速了解周围环境,可以实时预测下一个动作并提前改变重心,做到了行走自如。同年,日本又推出了首台会跑的仿人机器人QRIO。另外,还要说的是微型机器人的发展。由于微机电系统(MEMS)的发展,微型机器人发展迅速。它的结构尺寸微小,用于医学或集成电路的微操作,如美国研制的微型机器人能在亚原子级的范围内进行操作。当然,机器人发展的另一个重要方向是机器人形状自改变、自组合和自适应,也即通常所说的变形金刚。机器人通过形状的改变和组合来适应不同工作环境的需求,并适应外在不同的环境,后者简单地说就如同变色龙一样。

虚拟化技术是伴随着计算机技术的产生而出现的,始于20世纪60年代。所谓虚拟化就是用计算机生成以逻辑表示的事物或资源。其特点在于计算机产生一种人为虚拟的环境,这种虚拟的环境是通过计算机图形构成的三维数字模型,并编制到计算机中去生成一个以视觉感受为主,也包括听觉、触觉的综合

---

① 李云江.机器人概论.北京:机械工业出版社,2011:248.

可感知的人工环境,从而使得在视觉上产生一种沉浸于这个环境的感觉,可以直接观察、操作、触摸、检测周围环境及事物的内在变化,并能与之发生“交互”作用,使人和计算机很好地“融为一体”,给人一种“身临其境”的感觉。虚拟化技术的出现为人类认识世界开辟了一条新途径,它使得用户可以用自然方式与虚拟环境进行交互操作,改变了过去人类除了亲身经历以外,就只能间接了解环境的模式,从而有效地扩展了自己的认知手段和领域。需要指出的是,虚拟化技术的发展有可能导致人的虚拟化身的出现。英国未来学家就预言 100 年后,人类将拥有“虚拟化身”。

第四章　无人化社会的特征

无人化相关技术处于一个不断发展深化的过程中,因而,对人力的完全替代也是一个不断推进深入的过程。根据这一特点,我把人力完全替代型社会或者说无人化社会分为两个阶段,即低级无人化社会和高级无人化社会。

第一节　低级无人化社会的特征

低级无人化社会是过渡性社会,它还没有实现人力的完全替代,但是,又具有与半人力社会不同的特点,或者说具有了一些无人化社会的特点。这在经济领域表现得极为明显。

由于信息技术和机器人技术的突飞猛进并广泛应用于生产领域,使得人类对生产过程信息的感知、获取、跟踪、处理能力大为提升,这也就意味着此时人类对生产的全过程能够加以精确地掌控。这是数千年以来人类生产的一次极为重大的突破,或者说这是生产方式的又一次飞跃,也是人类数千年以来在生产中梦寐以求的目标。其突出标志是以信息化生产方式或者说以计算机控制为核心的自动化生产方式逐渐取代了机械化生产方式,或者通俗地说就是信息时代的“以机器控制机器”的生产代替了工业时代的“以机器制造机器”的生产,并成为信息时代最为主要的生产方式。

与机械化生产方式相比,信息化生产方式是一种以创新为本质特征的生产方式。机械化生产方式也高度重视创新,不断发明新事物,推出新产品、新技术和新工艺等,它的创新在某种意义上是围绕自然资源的获取和利用,如瓦特发明了“降低火机的蒸汽和燃料消耗量的新方法”,就是为了充分利用煤燃料。不过,它的创新始终是作为生产的一个外生变量,在广度和深度上都无法与信息化生产方式的创新相比拟。其最显著的缺点是创新范围不够宽,数量不够多,速度不够快,周期比较长,与生产各要素结合程度不高。信息化生产方式则不然,创新是信息化生产方式的本质特征,因为创新在信息化生产方式中不是一个外生变量和一般因素,而是一个内生变量,是生产发展的主要依靠力量。它的创新主要围绕知识资源来展开,即知识成为最为主要的创新对象,而不单纯是以技术或其他的东西作为创新的对象,其创新范围广,数量多,速度快,周期短,与生产各要素结合程度高。首先,我们从科技增长的一些数字中比较一下机械化生产方式和信息化生产方式方式下创新数量和速度的不同。科学新发现和技术新发明的数量,19世纪比18世纪多许多,20世纪前50年所取得的科技成果又远远超过了整个19世纪,后30年取得的科技成果则比过去2000年的总和还要多。现在全世界每天发表的科技论文有6000~8000篇,科技论文发表的数量每隔一年半就增加1倍。未来10年,人类创造的科技成果还将翻一番。到2020年,人类的知识将会比现在增加3~4倍。到2050年,现在所取得的科技知识只占到那时知识的1%。据粗略统计,人类的科技知识,19世纪是每50年增加1倍,20世纪中叶是每10年增加1倍,20世纪后期则更短,是每3

年至5年增加一倍。现在全世界每年批准的专利数量达120万件。[①] 同时,从科技知识的更新速度不断加快这一侧面也可以反映这一点。18世纪知识更新周期为80~90年,19世纪到20世纪初为30~40年,20世纪50年代为15年,70年代为9年,80年代又缩短到3~5年,甚至更短。[②] 其次,在生产要素结合程度上,信息化生产方式的创新远超过机械化生产方式。信息化生产方式的创新特别是信息技术的创新优化了生产要素,提高了劳动生产率。具体地说,信息技术与劳动力相结合,把劳动力从非创造性的脑力劳动中解放出来,使其有更多的精力去从事创造性的脑力劳动,优化了劳动力生产要素。信息技术与劳动资料相结合,使得劳动资料的信息要素含量剧增,原先只能替代体力劳动的机械化生产方式工具发展到可以代替脑力劳动的智能化生产工具,实现了劳动工具的优化。信息技术与劳动对象相结合,不仅改进旧的劳动对象,也增加了新的劳动对象,促进了劳动对象的优化。最后,信息化生产方式下知识或科技创新在生产的作用,或者对经济增长的贡献率,远超机械化生产方式,即从“生产力中也包含科学”发展至“科学技术是第一生产力”。知识或科技对经济增长的贡献率增长如下:20世纪初,知识或科技在经济增长的贡献率只有5%~10%,到二战前上升到20%,二战后达到了30%~40%,20世纪后30年则猛增至50%以上。

机械化生产方式虽然也是在科技创新应用于生产过程中发展起来的,科技进步对机械化生产方式有着巨大的促进作用,但是,需要看到的是,机械化生产方式的发展还要依靠劳动力和资本的高投入,产生了一批劳动密集型产业和资本密集型产业。它们主要投入体力劳动和大量的资金来促进自身的发展,虽然创新也发

---

① 张力.现代科学技术概论.北京:清华大学出版社,2008:40.

② 戴旭.当代科学技术发展的新特点.沿海企业与科技,2003(6).

挥了相当重要的作用。信息化生产方式与此有很大的不同,虽然也要投入相当大的资本,但是,更为主要的是信息化生产方式投入较多的复杂劳动或者说脑力劳动,集聚较多的科学技术专家,来进行产品的生产,且生产出来的产品知识、智能的含量高。这是典型的知识、智力密集型产业,或者说以创新为标志的行业。信息产业就是如此。它是一个对信息进行生产存储以及传递的产业,如计算机软硬件的开发、通信技术等,主要依靠脑力劳动或者集聚脑力劳动来进行生产。并且,知识和智力在所生产的产品中所占的份额很大。由于它是创新为特征的行业,具有高产出和高增值的特点。一方面信息产业生产出来的产品不仅自身能以较少的人力资源和物力资源的消耗,提供高附加值的产品,而且通过信息产业渗透和服务于社会经济,在整个社会生产中发挥节约资源的作用;另一方面,这种智力密集型产业能在多方面起到直接或间接地节约资源的作用,在创新中不断减少社会必要劳动时间,创造出巨大的相对剩余价值。这是传统产业不能比拟的。正因为信息产业代表了生产发展方向,且具有巨大的优点,故而,信息产业发展迅猛。自20世纪50年代以来,世界经济以年均2%~3%的速度增长,而信息产业则以15%~20%以上的速度向前发展。而信息产业的龙头——计算机业、软件业、数据库业等的年平均增长率则都在30%左右。[①] 信息产业已发展成为当今社会具有战略意义的产业,目前正取代传统的钢铁、汽车、石油工业而成为经济发展的领头产业。美国大力发展知识密集型产业,在1992年至1995年,通信信息产业对经济增长的贡献率为27%,传统的建筑业和汽车业分别只占了14%和4%;2000年,信息产业产值占GDP的8%以上,超过汽车工业,成为美国最大的产业,对经济增长的贡献率超

① 濮小金,刘文,黄启元,屈本礼.信息产业——e世纪大厦之基.北京:军事科学出版社,2003:10.

过35%。[1] 不仅如此，通过向传统制造业或者机械化生产方式注入越来越多的新科技，或者说信息技术的高渗透性推动着信息产业和传统制造业的紧密结合，使得能耗、物耗和资金消耗大为减少，标志着制造业迈入高技术知识化。当然，正如上面所言及的，由于生产中创新投入的区别，不难看到整个经济结构在迅速发生演化，即从农业生产为主导的经济结构发展到工业生产为主导的经济结构，而后发展到现在的以信息产业为主导的经济结构。或者说，经济结构正由过去的刚性结构逐步向柔性结构转化，即从以生产重、厚、长、大的重型化的"硬"产品为中心的时代，向以高效、智能化的知识和信息服务活动为主的"软"化经济结构时代过渡。这就是经济或生产的"软化"。

机械化生产方式创新是通过大量研发经费投入获取的，信息化生产方式创新也是如此，不过，信息化生产方式创新投入的经费更多，特别是在软、硬件开发中都要投入大量资金，甚至一个小国的资金难以在短时间内保障任务的完成。美国是世界科技最为发达的国家，其对科技研发的投入一直很大，科研经费从1941年的9亿美元，上升到20世纪50年代初的50亿美元，再上升到1960年的136亿美元，再上升到70年代末的500亿美元，再上升到80年代初的800亿美元以上。2000年则达到了2280亿美元。日本的研发费用在国民生产总值的比重从1970年的1.8%上升到1990年的2.99%。2000年则达到了1305亿美元。法国1959—1967年间的科研费用年增长率达15%，占国民生产总值的比例从1.3%上升到2.2%。1987年研发费用为1198亿法郎，占国民生产总值的2.27%；1988年为1290亿法郎，占国民生产总值的2.3%；1990年达到国民生产总值的3%。联邦德国1948—1949年的科学开支为8.52亿马克，1955年上升到15.73亿马克，1966

① 丁溪主.知识经济.哈尔滨：哈尔滨工业大学出版社，2006：174.

年增加到88.4亿马克,1988年提高到597亿马克。加拿大地广人稀,但研发费用在1971—1986年间年均增长率高达12%,人均研究开发经费从60.4加元增加到280.6加元。[1] 不仅是国家,企业亦是如此。据美国国家科学基金会最新数据,美国企业2008年投入研发经费3330亿美元,占销售收入的3%,其中企业依靠自我科研力量开展研发的经费达到2920亿美元,外包研发经费380亿美元。在企业依靠自我科研力量开展的研发活动中,有2340亿美元研发经费投入到美国本土企业,580亿美元投入到美国海外企业。在美国研发活动中,研发经费最多的是制造业,达2330亿美元,占全部研发经费的71%,其中半导体和电子元器件业290亿美元,汽车零部件业240亿美元,通信设备业150亿美元,航空产品和零部件业130亿美元,计算机及辅助设备130亿美元。在非制造业领域,美国企业投入研发经费960亿美元,占全部研发经费的29%,其中软件领域研发经费达350亿美元,科学研发服务达150亿美元。根据企业规模,500人以下的美国小企业投入研发经费640亿美元,占总数的19%;500人以上的美国大企业投入研发经费2660亿美元,占总数的81%。

机械化生产方式的创新脱离了分散的个体式的创新,通过建立集体研究组织来推动创新的发展,如企业和研究机构等。但是,这些集体研究组织彼此之间缺乏足够的联系,在某种程度上是原子式的,或者说是单独的。进入信息化生产方式后,创新成为信息时代的共识,它也超越单独的企业行为,发展为以国家创新体系为主体的创新系统。国家创新系统作为新型的创新主体系统,由国家科研机构和高校、企业、教育部门和中介服务机构以及政府四个部分组成,其中国家科研机构和高校的主要职能是向社会提供新

---

① 转引自赵常伟.新科技革命与当代中国的科教兴国战略.北京:中国社会科学出版社,2005:133-137.

的科学知识,向企业提供技术源;企业与国家科研机构及高校一样,也要生产知识(主要是技术知识),供应技术,但更多的则是应用知识,并最终在市场上实现技术创新(新产品、新工艺和新服务);教育部门和中介服务机构主要起知识传播和转移作用。中介服务机构包括生产力促进中心、技术咨询机构、工程技术研究中心等,促进技术转移,支持中小企业的技术创新①。在国家创新系统中,企业和科研机构依然是创新的主体,是新知识最为主要的提供者,但是,它们的主体地位与原先原子式的创新主体有很大的不同,它们是创新主体网络中的主体,是网络中的一个节点,与政府组织等其他机构共同构成一个创新主体,一起推进创新的发展。这里需要提及的是,政府在创新系统中发挥着重要的作用,而非是一个可有可无的角色。政府作为创新活动的参与者和创新体系的组织者,不断强化科技创新的社会自觉性,也在创新的失效区域内直接担任创新主体。具体地说,"政府制订具有前瞻性的科学技术发展计划,确定科学技术发展的战略目标,指导创新活动的发展;确立有利于国家创新体系的政策倾斜体系,促进创新主体之间的横向联系与合作;制定和完善有关创新的法律法规,规范创新主体的行为,保护创新主体的利益;加强知识经济基础设施的建设,有力支撑创新活动的进行;树立全社会的知识经济发展观,提高全民的创新意识,营造有利于创新活动的文化氛围;积极开展国际间的创新交流和合作,充分利用全球的智力资源和知识产品,并建立相关机构,促进国内创新主体与外界的人才交流和信息对流"②。国家创新系统的建立,强化了各创新主体之间的联系,确保了创新能力的提升,有力地促进了知识的创新;强化了创新的自觉性,减少了创新的不确定性,有助于提高各个创新主体的创新积极性;加

① 石定寰. 国家创新系统:现状与未来. 北京:经济管理出版社,1999:13-14.

② 周绍森. 科技创新论. 北京:高等教育出版社,2002:335-336.

强对创新失效区域的纠偏,创造系统创新的功能,不断提高整个创新体系的效率。总之,国家创新系统作为有效推动知识的生产、传播、转移和应用的创新网络,在知识创新上有着巨大的优势,是以前单独型的创新组织无法比拟的。这也是信息化生产方式创新效率高、创新数量多的重要原因之一。

固然,信息化生产方式的创新效率高、数量多,但是,也存在风险高等不利的一面。作为以创新为主要特征的信息产业存在巨大的创新风险。据统计,美国信息产业风险企业中,完全失败的占20%,经受挫折的占60%,成功的一般为20%~30%。[①] 不仅如此,激烈的创新竞争导致了创新"加速化"的问题。由于激烈的创新竞争,一个新产品刚推出,就会引发竞争者推出更新的产品。这就使得新技术开发成本剧增,而市场利润率却不升反降。同时,也由于更新产品的推出使得原先产品的市场价值降低,并导致其使用价值过早地失去。由此可见,创新不足固然不利于生产的发展,但是,创新"过度"在某种程度上也会对生产造成不利的影响。因而,这种创新"过度"的问题应通过彼此的合作来消除,而不是深化竞争。只有如此,才会促进生产的发展。

与机械化生产方式相比,信息化生产方式是一种大生产或者说是一体化的生产,即它已不局限于生产过程中某一生产环节,而是通过信息化将设计、制造、管理、营销和服务纳入一个整体,融合形成一个完整的一体化的生产体系。我们知道,在机械化生产方式下,由于技术因素的制约,设计、制造、管理、营销和服务彼此分立,界限分明,虽然它们在一定程度上也相互贯通,但这种关联在某种意义上说是不高的。也就是说,这时还没有形成一个一体化的生产体系,基本上还是各自为战。由于并未形成一个高度融合

---

① 转引自张洪.现代信息产业的特征研究.武汉水利电力大学学报(社会科学版),2000(4).

性的生产系统,任何一个环节发生问题要么对整个生产系统来说是无关紧要的,要么对整个生产系统造成严重的破坏。最显著的例子就是工业经济危机的爆发。进入信息化生产方式后,生产不再处于原先分割孤立的状态,而是通过信息技术将设计、制造、管理、营销和服务连为一体,使它们处于一个关联度很高的生产系统之中。也即将生产向前延伸至设计,向后延伸至销售和服务,彼此相互勾连,信息互通,浑然一体。并且,各个生产环节的地位并不是如先前那样一目了然,它们在生产中重要性都是相对的,没有哪一个环节比其他环节更具有重要性。任何一个生产环节脱离其他生产环节都会造成生产系统的运转不畅,影响生产的效率和进程。在这个一体化的生产体系中,计算机辅助设计(CAD)利用计算机作为辅助设计工具,对产品进行设计、分析和绘图等,并确定最优方案。产品设计定型后,并不意味着设计的终结。因为在生产和销售的过程,必然会反馈大量用户信息和生产制造信息。参考这些信息,必然就会对产品进行修改,以求更进一步地满足用户的需要。制造部门利用计算机辅助制造(CAM)将计算机生成的产品设计信息自动地转换成制造信息,即利用计算机控制机床和设备,并按照计算机生成的产品相关数值进行产品的制造,以形成包装完好、功能齐全、外观美观甚至节能环保的符合现代人需要的实物产品。自动化物流管理系统利用计算机来掌握原材料和产品的采购、运输、存储和销售等信息,可将采购和销售信息迅速、准确地传到生产部门或供应商处,实现与生产部门、供应商的无缝连接,从而降低库存压力,减少缺货率。管理信息系统(MIS)最大限度地利用信息技术来对整个生产环节的各种信息进行收集分析,或者说对企业拥有的人力、物力、财力、设备和技术等信息进行加工处理,然后根据分析的结果或处理的信息来制定正确的企业战略和政策,以此调整生产各个环节的走向,不断提高企业的管理水平和经济效益。客户关系管理系统(CRM)是利用信息技术来管理市场营销、销售和服务等活动,通过建立顾客服务资料库——能够详细地提供客户资料信息——来更高效地为客户提供满意、周到、个性化的服务,不断提高客户的满意度和忠诚度,并将相关信息回传至其他部门,不断改进产品的功能。总之,信息技术广泛运用于生产之中,使得生产各个环节之间的连接关系越来越复杂,相互间的作用和影响也越来越强烈,形成了一个错落有序、相互联系的一体化生产体系。

信息化生产方式作为一种一体化生产,不仅体现在纵向上的一体化,即设计、制造、管理、营销和服务的一体化;而且,也表现在横向上的一体化,即将不同地区的制造资源结合在一起进行生产。很显然,在机械化生产方式下,由于技术因素的制约,不同地区的制造资源还无法有效地结合在一起,只能是你制造你的,我制造我的,彼此"老死不相往来";或者你制造出来的产品运输至下一家工厂,再加以加工,生产存在着严重的时间差。信息化生产方式借助于计算机网络技术,突破空间地域对生产经营范围和方式的约束,推进生产信息和社会资源的共享和集成,将分布在不同地区的社会制造资源紧密地结合在一起,使其在同一时间内共同生产上下游的产品。如果说信息化生产方式在纵向上一体化大大压缩了从设计到生产、销售的时间,那么,信息化在横向上的一体化实现了共时性生产的目的,而无需使生产按照较为严格的逻辑承接关系和时间界限来展开。这种非线性的生产模式大大降低了时间对生产的严格约束,使其能够以更灵活的方式组织生产,从而使生产向着一种无时间约束或者说全时间状态的方向发展,进一步提高了生产的节奏和效率。具体地说,这种共时性的生产能够对捕捉到的市场机遇作出及时的反映,快速组织起满足市场需要的生产;而且,面对快速的市场需求,各种社会制造资源能够作出同步响应,做到步调一致,协调生产。这种共时性生产在时间上能够保持高度的一致,或者说在时间精度上要求很高,即某一工厂完成了某一部件的生产,另一工厂也必须在同一时间内也完成上游或下游产品的生产。只有这样,才不会延误最终产品进入市场的时间,从而有利于抢占先机,占领市场。[①] 另一方面,这种共时性的生产某种意义上对空间要求不高,或者说,生产可以分布在全球各地,而不是局限于某一国或某一地。也就是说,共时性生产扩大了生产的空间。它可以充分利用全球的制造资源,寻找最佳的资源组合,通过"分散布置、多向互动、异地同步",以达到生产的最优化。可见,信息化生产方式在横向上的一体化是借助于网络技术,通过最佳制造资源的组合,以最快的反应速度,高质量、低成本地推出新产品。

我们如果从更大的范围着眼,就会发现,进入信息时代后,科学、技术和生产的一体化程度更高,从科研到生产形成了一个巨大的一体化链条。当然,这里的科研与设计有一定的区别和联系。科研在总体上包括基础研究和应用研究,不完全是设计中的面向产品的开发研究,是大科研。因此,可以说,这是大科研和大生产的融合。在机械化生产方式的早中期,虽然科学发现逐渐成为技术革新的引领者,并应用于生产过程中,形成了科学—技术—生产的一体化,但是,此时的科学、技术和生产的一体化还互相分离,存在着延滞脱节现象,如科学上发现的东西却迟迟不能转化为技术并应用于生产。到了机械化生产方式后期和信息化生产方式时代,现代科学不仅为生产过程提供新工艺、新流程以及科学的管理理论,而且,科技上的发明发现很快就能进入生产实践,在最短时间内转化成现实的生产力。科技应用的周期也在缩短,18 世纪大概在70 年以上,如蒸汽机为84 年;19 世纪为40 ~50 年以上,如电动机为55 年;20 世纪前半期为 10 年以上,如飞机为 14 年;20 世纪后半期缩减为 1 ~3 年,如集成电路为 3 年,激光为 1 年。另一

① 张力.现代科学技术概论.北京:清华大学出版社,2008:40.

方面,现代科学对生产的依赖性也明显加强,因为科学研究所需物力和财力是巨大的,唯有现代化的生产能为它提供研究所需的一切。总之,科学、技术和生产已经融为一体,而且,这种融合将会变得更加紧密。

与机械化生产方式相比,信息化生产方式是一种无人化生产,或者是人不在场的生产,是一种非接触式生产。我们知道,机械化生产方式脱离不开生产者,一旦没有了生产者,生产就无法继续下去,或处于停顿状态,或处于混乱状态。因而,它是一种需要生产者积极参与进去的生产,是需要生产者“在场”操作的生产,是一种需要生产者与之“亲密”接触的生产。换句话说,虽然在机器生产中生产者不再是处于绝对的主导地位,但它在生产中还是占据着重要的地位。信息化生产方式却不是如此,恰恰相反,计算机技术、网络技术和机器人技术在生产中的广泛应用,使得它对整个生产过程有着强大的信息控制与处理能力,一方面取代人力所能完成的工作,如在加工装配时,它可以避免因加工劳动强度大而导致人为操作的失误,从而避免安全事故的发生,同时,也减少装配时人为操作的错误,提高了生产效率和质量;另一方面,它能完成人力所不能的工作任务,如在检测过程,随着对机械生产产品精度和数量要求的提高,人工方式往往很难满足不断提升的检测要求,而自动化检测就能很好地保证检测的质量和效率,从而提高生产加工的精度和效率。这就最大程度地减少生产者的存在,使整个生产处于一种无人操作的状态,或者说人在生产中“消失”了。生产在计算机的控制之下自动地来完成,人在生产中不仅不再占据重要的地位,事实上在生产中已趋向不需要生产者。由此可见,信息化生产方式不同于机械化生产方式,它完全是一种无人化生产,不需要生产者直接和生产接触。目前,以计算机控制为核心、以网络为依托的自动化生产系统被设计出来,无人化生产已不局限在应用于一条生产线或某个行业,而是广泛应用于生产各个领域,甚至是整个工厂都处于无人化生产之中。

现代集成制造系统是具有代表性的自动化制造系统,它以信息技术的发展为支持,将生产过程集成为一个有机整体,或者说形成了以信息化为基础的一体化自动生产。它最大限度地减少了人力在生产回路中的存在和作用,极大地解放了人的体力劳动,同时也解放了人的部分脑力劳动。现代集成制造系统一般由工程设计自动化系统、制造自动化系统、管理信息系统和质量保证系统组成。工程设计自动化系统就是利用计算机来完成产品的设计开发,主要包括计算机辅助设计(CAD)、计算机辅助工艺设计(CAPP)和计算机辅助制造(CAM)等。很明显,工程设计中引入了计算机,在较大程度上解放了繁重的脑力劳动,虽然并未完全取代人的智力劳动,也即在工程设计过程也出现了某种程度的人力缺场。制造自动化系统将所需加工原材料和技术信息整合在一起,完成产品的自动化加工和装配。制造自动化系统的核心是加工系统,主要包括分布式数控系统(DNC)和柔性制造系统(FMS)。DNC 是机械加工自动化的一种形式,它通过网络把数控机床连接在一起,并在生产过程进行信息采集、状态监视和系统控制,以实现产品的加工自动化生产。FMS 是另一种机械加工自动化生产系统,它由数字控制加工设备、物料搬运系统和计算机控制系统组成的较完整的生产系统。它是"以计算机为中心的自动完成加工、装卸、运输、管理的系统,具有监视、修复、自动转换加工产品品种的功能"。[①] FMS 按规模大小可分为如下 4 类:柔性制造单元(FMC)、柔性制造系统(FMS)、柔性制造线(FML)和柔性制造工厂(FMF)。其中 FMS 由包括 4 台或更多台全自动数控机床(加工中心与车削中心等),由集中的控制系统及物料搬运系统连接

① 米立根,刘立柱,李智诚,于宗光. 信息技术——现代社会的变形术. 北京:军事科学出版社,2003:305.

起来,以实现自动化生产。“FMF 则是将多条 FMS 连接起来,配以自动化立体仓库,用计算机系统进行有机的联系,采用从订货、设计、加工、装配、检验、运送至发货的完整 FMS……实现全厂范围的生产管理、产品加工及物料贮运过程的全盘自动化。FMF 是自动化生产的最高水平,反映出世界上最先进的自动化应用技术。”①可见,制造自动化系统完全解放了人的体力劳动,使得制造过程最大限度地减少生产者的存在,甚至出现了无人化生产车间和无人化工厂。这是生产过程的一个里程碑。管理信息系统以企业资源管理计划(ERP)位核心,它将经营管理、生产管理、销售管理、计划管理和财务管理以及办公自动化整合在一起,以实现经营的最大效率化。ERP 也在一定程度上减轻了人力负担,也减少了所需人力。质量保证系统利用计算机技术对质量信息进行收集分析,以期实现对设计和制造质量的控制。总之,现代集成制造系统利用计算机技术、自动化技术和管理科学等对设计、生产、管理和销售整个生产环节进行统一控制与管理,以达到优化生产活动的目的。②

需要指出的是,虽然在低级无人化社会生产趋向无人化,生产者也不直接与生产接触,但这并不意味着人完全从生产领域脱身出来,完全不需要对生产进行管理。也就是说,人虽然已不直接与生产接触,但是,人还在大生产的回路中,它以间接的方式存在于生产之中。这就是人对生产过程的管理和监控。我们知道,生产过程中会产生各种工作参数、运行状态、工作量信息以及其他的信息等,计算机技术和网络技术通过一定的信息采集设备将这些信息实时采集并反映到计算机上,显示到中央监控屏幕上。譬如矿山生产可以分为诸如球磨、粗碎、冶炼等过程,在这些生产环节上

---

① 蒋庆全. 柔性制造系统的现状及发展趋势. 机械制造,1998(4).

② 杨春山. 计算机集成制造系统发展综述. 机械研究与应用,1995(2).

布设各种设备包括传感器、控制器以及网络,形成自动化的生产系统,当整个系统开始运作,它会将设备上的工作参数通过信号采集设备上传至调度室,经特殊处理后显示到屏幕上。又如选煤,同样也依托计算机和网络等形成一个自动化生产系统,在这个自动化系统中,可以通过微机对整个生产工艺进行自动调控,如对流量、入料量、药剂的添加量、矿浆的浓度和悬浮液的比重等进行自动记录分析,并比照设定的最佳参数进行控制和调整,从而使得整个生产工艺保持最佳状态。不过,虽然计算机目前在一定程度上取代了人的脑力劳动,但是,它还不能完全取代人的智力。因而,计算机控制生产虽然有助于管理人员及时了解整个生产设备的运行状况,掌握所有分系统的工作数据,但是,它暂时有限的能力还不能替代人的分析决策,还需要人对反映到计算机上或显示到监控屏幕上的各种参数作出判断,以作出科学的决策,更好地调度生产。这样,人就以一种间接的方式存在于生产的回路中。这也同样反映了作为过渡性社会的特点,即自动化生产系统具有强大的替代人力的作用,但这却是不完全的。当然,作为自动化生产回路中的人是智能型的,而不是体力技能型的。据统计,体力劳动和脑力劳动之比,机械化初期为9∶1,机械化中期为6∶4,到自动化时期则为1∶9。①

与机械化生产方式相比,信息化生产方式更高效、更灵活、更快速,也更能适应市场激烈的竞争。机械化生产方式是一种标准化生产,或者说生产的规格一旦确定,就无法变更。虽然这种生产也比较高效,但是,它只能进行大批量、单一产品的生产,也即是种刚性的大规模生产;而且,由于生产线一旦投入生产,就只能“呆板”地生产某种产品,对市场反应的灵敏度不是很高,产品的开发

① 赵常伟.新科技革命与当代中国的科教兴国战略.北京:中国社会科学出版社,2005:145.

和生产周期长。信息化生产方式与之相反,由于利用计算机来控制整个生产过程,就可以对产品的规格进行适当的调整,生产出适合用户需要的产品。这是一种小批量、多品种、高效率的生产,或者说是一种柔性化的生产,是一种可控的生产,进而使得规模个性化生产和精确化生产成为可能。而且,由于信息技术广泛用于研发、生产和销售之中,可以广泛搜集用户的反馈意见,并快速地把新技术应用于生产之中,因而,能够快速地对市场作出反应,并在最短时间内推出新产品,以满足市场的需要,进而在激烈的市场竞争中获得生存和发展。换句话说,它对市场反应的灵敏度很高,产品研发和生产周期短,更能适应激烈的市场竞争。下面我们通过信息化生产方式的一些生产模式,来说明以上的特点。

并行工程(CE)是相对传统串行(顺序)工程方法而言的。传统串行工程方法遵循设计、加工、测试、修改的程序,由于在设计早期不能很好地考虑制造过程及质量保证等问题,极易造成设计与制造脱节,结果往往导致设计改动量大、产品开发周期长和成本高,无法满足竞争日益激烈的市场的需要。于是,新的并行工程方法就产生了。“CE 是一种系统的集成方法,采用并行方法处理产品设计及相关过程,包括制造和支持过程。这种方法力图使产品开发人员从一开始就能考虑到产品从概念设计到产品报废的整个产品生产周期中的所有因素,包括产品质量、成本、作业调度及用户需求”。[①] 并行工程是在计算机集成制造系统的基础上进行的,对产品全生命周期过程中的功能、信息和过程实现了集成,从而达到提高产品质量、降低产品成本、缩短产品开发周期的目的。并行工程早已从理论向实用化方向发展,并取得了显著效益。

敏捷制造(AM)是美国在 20 世纪 90 年代提出的新的生产模

① 转引自傅立丰,张耀宗,刘长红. 并行工程的发展及应用. 新技术新工艺,2003(9).

式。敏捷制造是指“企业采用现代通信手段,通过快速配置各种资源(包括技术、管理和人),以有效和协调的方式响应用户需求,实现制造的敏捷性”。① 其主要特征:“通过先进的柔性生产技术、动态的组织机构和高素质的工作人员的集成,获得企业的长期利益;企业间协作集成,即充分发挥各企业的优势,针对市场的目标和要求共同合作完成任务;高度的制造柔性,即企业具有针对市场需求迅速转产和快速实现多品种小批量生产的能力;动态联盟的组织机构,即由优势互补的若干企业组成的动态联盟随市场机遇出现而建立,随产品或项目完成而解体。”②目前,美国有上百家公司和企业在开展敏捷制造的实践活动。

智能制造是20世纪90年代发展起来的一种新型的生产模式,目的是使制造产品趋向于“客户化、变品种变批量、快速交货”。智能制造依托于智能制造技术(IMT)。“智能制造技术目前一般是指在制造工业的各个环节,以一种高度柔性与高度集成的方式,通过计算机来模拟人类专家的制造智能活动,对制造问题进行分析、判断、推理、构思和决策,旨在取代或延伸制造环境中人的部分脑力劳动;并对人类专家的制造智能进行收集、存贮、完善、共享、继承和发展。”③可见,它集成了传统制造技术、计算机技术和人工智能等技术,目的是为了实现生产过程的最优化、精确化、智能化和自动化。借助于智能制造技术,可以发展出一个高度集成化和智能化的自动化生产系统,即智能制造系统(IMS)。智能制造系统的发展有助于提高产品质量、生产效率、市场响应速度,降低成本。目前,各发达国家正在积极研究和开发智能

① 郑晓霞,畅俊.制造生产模式的演变与敏捷制造.科学之友(B版),2009(4).

② 张树生,杨茂奎,朱名铨.虚拟制造技术.西安:西北工业大学出版社,2006:20.

③ 转引自赵东标,朱剑英.智能制造技术与系统的发展与研究.中国机械工程,1999(8).

制造。

虚拟制造(VM)是相对真实制造而言的,是20世纪90年代发展起来的又一新的生产模式。“虚拟制造是现实制造过程在计算机上的映射,即采用计算机仿真与虚拟现实技术,在高性能计算机及高速网络的支持下,在计算机上群组协同工作,实现产品设计、工艺规划、加工制造、性能分析、质量检验以及企业各级管理与控制等产品的制造过程,以增强制造过程中各级的决策与控制能力。”①虚拟制造按照与生产各个阶段的关系可分成三类,即以产品为中心的虚拟制造、以生产为中心的虚拟制造和以控制为中心的虚拟制造。“以产品为中心的虚拟制造是将制造信息加入到产品设计与工艺设计过程中,在计算机中生成制造过程原型,对多种制造方案进行仿真,对数字化产品模型的性能、可制造性、可装配性、成本等进行分析,优化产品设计和工艺设计,以期尽早发现产品设计及工艺过程存在的问题。以生产为中心的虚拟制造是将仿真信息加入到生产计划模型中,以便快速便捷地评价多种生产计划,优化生产计划和制造环境的配置,主要是根据企业现有资源对不同的加工过程进行评估优化,决定合理的生产组织方式。以控制为中心的虚拟制造是将仿真能力加入到设备控制模型中,提供实际生产过程中的虚拟环境,使企业在考虑车间控制行为的基础上对制造过程进行优化控制。”②由于虚拟制造可以仿真制造过程的细节,预测产品的性能,并能根据信息反馈进行产品模型修改,因而,它缩短了产品开发周期,降低了生产成本及资源消耗,提高了产品质量和生产的柔性化,增强了企业决策的准确性。目前,发达国家均致力于虚拟制造的研

① 张树生,杨茂奎,朱名铨.虚拟制造技术.西安:西北工业大学出版社,2006:12.

② 于位灵,万军.虚拟制造技术(VMT)的发展与应用研究.制造业自动化,2008(2).

究与应用。

与机械化生产方式相比,信息化生产方式更趋于分散化生产和模块化生产,管理更趋扁平化。机械化生产方式是以集中化生产为特征,把成千上万的工人和机器设备集中在工厂里,形成规模化的生产;它是一种串行生产,先把一个一个零部件生产完毕,然后再组装完成整个产品;它是一种等级式的管理架构,层次重叠,冗员多,组织机构运转效率低下。信息化生产方式则不然,它借助于计算机网络技术,打破物理空间的限制,分布于不同的工厂生产,在不同地区的指挥设备的运转,甚至是随时随地生产,实现了生产的分散化。举个较为极端的例子,如3D打印技术又称为“快速成型技术”或“增材制造技术”,可以实现随时、随地、按需生产。它是以计算机三维设计模型为蓝本,通过对金属粉末、陶瓷粉末和塑料等特殊材料进行叠层添加,从而制造出真实的产品。2011年,美国在阿富汗部署了3D打印移动实验室,通过使用3D打印机和计算机数字控制设备将铝、钢材和塑料生产加工成所需零部件,从而实现在战区内快速生产原型产品。同时,以模块化生产也是信息化生产方式的一个特点。所谓模块化生产就是指通过预先确定几个模块,然后把符合标准规格的独立配件整合起来形成一个模块,最后把几个模块连接在一起的生产。它最大的特点是确定模块和模块标准以及模块之间的安排和联系,省时省工,提高了生产效率。如德国大众公司推行“模块化”生产,将汽车生产分为四大模块,即动力总成、车门总成、仪表总成和车前端总成,使得装配零部件大为减少,由过去要装配2万多个零部件降为只需要装配2000多个零部件,所需要的工人数也减少了很多。另一方面,它的管理模式更趋扁平化。由于信息技术的迅猛发展并应用于管理之中,打破了原先多层级、层层汇报的垂直管理,使得扁平化管理模式应运而生。扁平化管理减少了管理层次,使企业的决策层和操作层之间的中间管理层级尽可能减少,以便使企业快速地将决策权延至企业生产、营销的最前线。它提高了工作效率,减少了管理费用,有助于增强企业对市场的适应能力,从而能在日趋激烈的市场竞争中求得生存和发展。美国通用电气公司最早实行“扁平化管理”。1981 年,韦尔奇就任通用公司首席执行官时,将原先多达 24 ~26 层的管理层压缩至 5 ~6 层,彻底瓦解了传统的等级科层制。这不仅节省了大笔费用,更是极大地提高了管理效率,使得企业的经济效益得到了大幅提高。

与机械化生产方式相比,信息化生产方式表现出人与自然、技术的和谐发展,是一种强调可持续发展的生产方式。机械化生产方式以过度消耗自然资源、损害环境、片面追求经济数量增长为特征,或者说它不顾一切地开发和利用自然资源,不顾一切地追求经济增长,给生态环境造成了严重的破坏,给子孙后代的生存造成了严重的威胁。这是一种典型的不可持续生产方式。而信息化生产方式则不然,它是一种可持续性的生产方式。信息化生产方式强调经济、社会和资源、环境保护或者说和生态的协调发展,其中发展是可持续发展的核心,环境保护是其重要内容。或者说它主张在保护环境和节约资源的前提条件下,推动经济尽可能快地增长,尽最大可能满足人类的需求。因而,它一改机械化生产方式资源高消耗型或者说粗放型的增长方式,转而实施知识创新型或者说集约型的增长方式。前面我们也已经提到,信息化生产方式主要围绕知识资源的创新来展开,即知识成为最为主要的创新对象,而不单纯是以技术或其他的东西作为创新的对象。知识作为一种客观物质,与其他物质相比,具有如下的特点:它是一种无形的无重量的物质,在使用过程中不会被消耗,是一种用之不竭的资源;在使用过程中还会不断地创造出新的知识,不断得以增殖;知识可以流传和扩散,且在使用上具有非排他性,可以供接触它的人使用,也即具有共同所有性。正因为如此,知识这个创新的生产要素渗入、融入生产过程,或者说和生产力各实体要素紧密结合,实现了生产要素的最佳组合,从而推进经济高质量的增长。如它最大限度地把信息和生物等高新科技应用于资源利用、环境保护和生态建设中,努力减少对资源和能源的消耗以及生态环境的破坏,不断提高产品的知识含量,也即提高经济的增长质量。同时,依靠科技进步,合理开发利用自然资源。一方面,利用高科技对自然资源进行深度开发、合理利用,并使废弃物资源化;另一方面,加快开发利用清洁资源和可再生资源。此外,信息化生产方式是一种无人化生产方式,因而,人力的投入是在逐年递减,人才的投入在不断增加。信息化生产方式会努力控制人口数量,确保人口数量的年均增长率稳定地低于 GDP 的年均增长率,保有一个适度的人口规模;同时,不断提高人口素质,培养更多符合信息化生产方式需要的高素质人才。可见,信息化生产方式以促进资源、环境、人口和经济的持续发展为主要特征,追求人与自然、技术的和谐发展。

与机械化生产方式相比,信息化生产方式下的竞争与合作达到了到了前所未有的地步,世界经济一体化也达到了前所未有的地步。进入机械化生产方式后,由于推崇自由的市场经济,国家对市场行为几乎不干预,因而,竞争成为经济的主旋律。从自由竞争到垄断竞争,无不体现竞争是这一时期的主要特征,也说明竞争程度的加剧。当然,垄断竞争限制了自由竞争,在某种程度可以看做是垄断企业之间的某种合作。另一方面,随着机械化生产方式的深入发展,使得原先封闭的世界经济逐步连为一体,并逐步在一体化过程中不断加深。而进入信息化生产方式后,其竞争的激烈程度远超以往,另一方面,合作也在不断加深;世界经济的一体化程度达到了一个新的前所未有的高度。我们知道,由于信息技术广泛应用于生产与交换过程中,对生产和交换过程中的各种信息获知的速度更快,传递的速度更快,处理的速度更快。同时,随着信息技术的发展,世界市场彼此间的联系更加紧密,开放度更高,各种物流、人流、资金流和信息流流动得更快。这使得整个市场的竞争激烈程度更甚以往。如果不能对市场作出灵敏的反应,对转瞬即逝的商机无法第一时间把握住,就会失去有利的态势,就必然会被市场淘汰,且淘汰的速度更快。这必然使得企业不断压缩生产时间和研发时间,以求在最短时间内生产出市场需要的产品,反过来又推动市场竞争更趋白热化。同时,也由于信息技术的快速发展,使得跨国投资、生产、管理、交换等成为一个不可阻挡的世界潮流,或者说各种生产要素或资源在全世界范围内自由流动和配置,从而使得各国经济紧密地联系在一起,相互影响和相互依赖的程度不断加深,或者说相互依存性越来越明显。而且,由于信息化生产方式以知识创新为本质特征,而知识创新本质上是一个不断拓展深化的过程,必然会导致科技新领域层出不穷。且不说企业,就是一个国家也无法对知识创新进行全面的垄断,也无法在所有科技新领域中领先于别的国家。于是,世界各国和各企业只能根据自身的条件和优势进行知识创新,开发各自的技术领域。这使得各国和各企业之间可以利用自身的优势进行互利合作,从而达到共同发展的目的。由此可见,世界经济在信息化生产方式条件下的一体化程度更深,相互间的合作与联系也更紧密。这标志着世界经济发展达到了一个新阶段。

与机械化生产方式相比,信息化生产方式下的交换形式与方式发生了显著的变革。机械化生产方式下的交换是以面对面直接交易为主要方式,即通过直接或间接的物理接触来完成。譬如人们去商场购买商品,就通过和营业员面对面的接触来完成商品的买卖;厂家原材料或产品的买卖,一般都要通过业务员与供应原料的厂家人员或商场的人员进行接触才能达成货物的订购。这是一种非常典型的人力接触型交换方式。当然,在机械化生产方式下,也发展出了有限非接触型交换方式。譬如利用信函、传真、电话等通讯手段来作为交换的媒介,而不需要直接的面对面的接触来完成交易。可见,这一时期的交换方式以人力接触为主,辅之以新的交换媒介手段,其缺点很明显,主要是信息不易获取、耗费时间长、花费高、库存积压多等。到了信息化生产方式下,由于互联网在全球范围内的迅速普及和广泛应用,产生了新的交换方式,即电子商务。“电子商务是企业、个人、政府,以及其他公共或私人机构之间通过以计算机为媒介的网络进行的或服务的买、卖活动。买、卖的产品或服务是通过网络进行的,至于付款和产品或服务的最终递送则既可以在网上完成,也可以在网下完成。”①也就是说,电子商务是直接在网上完成从进货到销售的各个环节,实现交易全过程的电子化、网络化,而不再通过面对面的交易来进行。这是一种新的深度非接触型交换方式。特别是一些数字化的商品和服务,如软件、电子读物和信息服务等,可以直接通过互联网进行传送,并送到买主手里,从而实现了完全意义上的非接触交换。电子商务具有显著优点。首先是减少了人力、物力和财力,降低了交易成本。借助于电子商务,可以便捷地找到新的供应商和贸易伙伴,交易的速度和准确性也得到了前所未有的提高,而且,通过网上招标,可以极大地降低采购成本,也可以减少很多的人力。其次,由于交易活动是在虚拟的市场里进行,因而,在某种意义上讲,它是全天候、全地域的,即没有时间和空间的限制。在虚拟市场,买主可以每天 24 小时与不同的卖主接触,进行更多的比较选择。卖主可以 24 小时发布产品和服务。这极大地提高了交换的效率。再次,电子商务使得原先通过中间商来完成交易的模式受到猛烈的冲击,新的生产者到消费者的直接交易成为主要的交易模式。在某种意义上,精确交易成为了现实。这降低了交易成本,也提高了交易额。

基于交易对象的不同,电子商务模式主要有:企业对企业的

---

① 转引自周宏仁. 信息化概论. 北京:电子工业出版社,2009:231.

B2B 电子商务(Business To Business),企业对消费者的 B2C 电子商务(Business To Consumer),企业对政府的 B2G 电子商务(Business To Government)和消费者对消费者的 C2C 电子商务(Consumer To Consumer)等。其中,B2B 和 B2C 是电子商务两种最基本的运作模式。

B2B 电子商务是以企业作为主体,在企业间进行的电子商务活动。它主要分为网上直销型 B2B 电子商务、中介型 B2B 电子商务和网上采购。网上直销型 B2B 电子商务是通过互联网这个新兴渠道来为企业提供产品服务,而不是通过传统的营销渠道如经过批发商和零售商来进行。网上直销比较显著体现了电子商务非接触的特点,也具有其相应的优点,它可以第一时间获知其他企业所需产品,提高了企业对市场的反应速度;由于互联网取代了传统经销渠道,使得企业无需建立更多的营销渠道,减少了企业的营销费用;不受时空的影响,有助于扩大企业的市场份额。开展网上直销型 B2B 电子商务要求企业具有较为雄厚的实力,也可以几家大中型企业联合共同组建交易平台。中介型 B2B 电子商务即虚拟电子市场,它主要通过第三方提供的电子商务服务平台来达成企业间的交易。网上中介型方式一般适合于中小企业,它提供的产品是不受限制的,只要企业能提供的产品服务都可以在网上交易。网上采购是通过互联网,借助于计算机管理企业采购业务。一般来说,企业在网上发布所需产品服务信息,并通过电子目录了解供应商的产品信息,最后选择确定合适的供应商,下订单。网上采购精简了人工参与因素,在某种程度上体现无人化采购的特点,有助于采购过程的公正高效。由于 B2B 电子商务社会基础好,因而很快发展成为全球电子商务的主体,其所占电子商务销售额的比例高达 80% ~90%。2009 年,中国电子商务销售额逾 3.8 万亿元,其中 B2B 交易额为 2.78 万亿元;2010 年中国电子商务销售额逾 4.5 万亿元,其中 B2B 交易额约为 3.8 万亿元。2007 年美国的电子商务总额就达到了5.3万亿美元,B2B所占比重在逐年上升。[①]

B2C电子商务是"以Internet为主要服务提供手段,实现公众消费和提供服务,并保证与其相关的付款方式的电子化,它是随着WWW技术的出现而迅速发展的,可以将其看做是一种电子化的零售。具有供需直接'见面'、速度快、信息量大、费用低等特点"。[②] 它主要有网上商店、网上订阅、广告支持和网上赠与四种模式。网上商店即电子化商店,消费者足不出户,就可以在网上浏览、选购自己所需的商品和服务。较之传统的逛线下商店,具有如下的优点:对消费者而言,买到的商品价格更便宜,所花购物时间更少,购物也更方便;对企业来说,节省租用店面的花费,减少销售人员的人工成本,最低限度降低库存,有助于减少资金占用和降低风险。网上订阅是网上直接订阅并直接享受信息服务,主要包括三种方式:在线服务、在线出版和在线娱乐。

B2C电子商务对整个社会基础设施的要求更高,但是,随着网上购物用户的增多,发展也比较快。如2004年,美国网上零售额为693亿美元,比2003年增长23.5%,其占整个零售额的比例由2003年的1.6%升至1.9%。日本2004年网上购物的销售额达到了8.59万亿日元,超过了2002年百货商店销售额的总和。[③]

除此之外,还有B2G电子商务和C2C电子商务等。B2G电子商务是企业与政府之间进行的商务活动。与B2B电子商务和B2C电子商务不同的是,在B2G电子商务中,政府是电子商务的使用者,购买相应的商品服务,是个大"买主"。最常见的就是政府通过电子招标进行采购,有助于政府办公的透明度和公开性。同时,政府又是电子商务的管理者,推动电子商务的规范发展和快

① 覃征等.电子商务概论(第3版).北京:高等教育出版社,2012:15.

② 张瑞彤.电子商务(第2版).北京:科学出版社,2009:53.

③ 张瑞彤.电子商务.北京:科学出版社,2005:32.

速发展。一方面,通过法规的制定、实施、监督和违法的制裁,促进电子商务的健康良性发展;另一方面,推进与企业相关政务如工商、税务、质检和海关等的网上办公,提高效率,能更好地为企业服务。C2C 电子商务是消费者对消费者的网上交易活动,通俗地说,就是网上跳蚤市场或农贸市场。C2C 电子商务本质上是网上拍卖。如以卖方为主的 C2C 电子商务模式是一种由出售商品的个人在网上发布消息,由多个买者竞价,或与买者讨价还价,最终成交的模式。以买方为主的 C2C 电子商务模式是一种由想购买商品的个人在网上发布求购信息,由多个卖者竞卖,或与卖者讨价还价,最终达成交易的电子商务模式。①

值得一说的是,随着移动互联技术的发展,移动电子商务也相应得到了发展。移动电子商务是利用手机、PDA 及掌上电脑等无线终端进行的 B2B、B2C、C2G、B2G 或 C2C 的电子商务。移动电子商务可以使人们在任何时间、任何地点进行各种商贸活动,实现随时随地的、线上线下交易,在线电子支付以及其他各种交易活动、商务活动、金融活动和相关的综合服务活动等。② 顾名思义,移动电子商务具有自身独特的特点。一是交易的随时随地性,使得交易更加便捷。用户可以在自己方便的时候,购买自己所需的商品和服务,也可以即时作出决策。二是个性化服务。移动电话用户具有可确定性,可以按照消费者的信息或者个性化需求来提供用户所需要的服务内容。三是付费方式灵活。它可以通过转入银行、用户电话账单以及实时的在预付账户上借记来完成付费。四是更加安全可靠。移动通信数据传输相对比较安全,其信息截取和破译难度较大。移动电子商务目前主要提供以下服务:银行业务、交易、订票、购物、娱乐以及无线医疗等。相信移动电子商务将

---

① 张瑞彤.电子商务(第 2 版).北京:科学出版社,2009:60.

② 覃征等.电子商务概论(第 3 版)、北京:高等教育出版社,2012:257.

来会发展出更多服务,并成为未来商务发展的主流。

综上所述,电子商务作为一种虚拟性、非接触性的交易,具有无可比拟的时空、速度、成本、信息和个性化的优势,势必成为21世纪及未来交换的基本方式。因而,世界各国都在不遗余力地发展电子商务,并且发展非常迅速。1996年,全球电子商务交易额为1020亿美元,2005年增至2~3万亿美元。其中,美国是开展电子商务最早的国家,也是其他国家开展电子商务的样板。其在全球互联网贸易额中的比例高达85%。[①] 加拿大、欧盟、日本和拉美以及亚洲的电子贸易发展也很迅速。需要说的是,电子商务的发展推动了电子市场的形成,即通过网络把电子商务活动的参与者连成一个统一的经济整体,从时空上最大化地扩展了传统市场,实现了资金流、物流和信息流更有序、更快速地流动,进一步促进了全球经济一体化的发展。

在社会政治领域,人的参与性和主体性还是比较明显的,但是,随着信息技术的迅猛发展并应用于政治领域,一些新的迹象和新变革开始出现了。这种新的变革是沿着迈入无人化社会这个总方向发展着的,或者说它烙有无人化社会的特点。虽然不是很强烈,但的确是存在着的,这是一种指向性的存在。电子政务的兴起和快速发展即是一个很好的说明。

电子政务是政府机构应用现代信息和通信技术,将管理和服务通过网络技术进行集成,在互联网上实现政府组织结构和工作流程的优化重组,超越时间和空间及部门之间的分隔限制,向社会提供优质和全方位的、规范而透明的、符合国际水准的管理和服务。[②] 简单地说,电子政务就是借助于信息技术,将传统政务进行重组和再造,从而提高行政效能和服务质量。电子政务与传统政

---

① 张瑞彤.电子商务概论(第2版),北京:电子工业出版社,2009:35.

② 原中虎.电子政务.北京:北京大学出版社,2011:7.

务相比,具有如下的特点:

首先,电子政务是一个高效的、一体化的政务体系。我们知道,传统政务是实行条块分割的二维模式,即横向职能制和纵向的科层制。在横向上,有若干个部门,这些部门行使各自的管理职能,彼此间相互独立,只对上级领导负责。这些部门之间的横向信息沟通和流动比较困难。在纵向上,由若干层次管理部门组成,每下一级部门向上一级部门负责,形成了金字塔形的结构。由于中间层次较多,不仅减缓了信息传递的速度,也容易造成信息的失真。正是由于信息在传统条块管理部门间的流动不易、传递速度的缓慢和存有较大的失真度,使得传统政务的处理速度较慢,或者说办事效率低下。电子政务则不然,利用信息技术建立一个无缝集成的智能化综合系统,形成跨部门的平台整合,使得政府管理部门之间和地区之间的纵横限制得到最大程度的突破,实现资源共享和跨部门的协同。同时,信息技术的运用使得政府部门的信息传输形成了全方位、多层次、多形式、跨越时空的传递渠道,信息沟通和互动得到了前所未有的加强,一些中间管理机构因而被取消,政府管理部门不再臃肿,呈现出扁平化的结构,办事效率得到了极大的提高。可见,电子政务的发展使得一体化政务不断深入发展,政府工作变得更加高效、快捷。

其次,电子政务在某种程度上说是非接触式甚至是无人化政务体系,有助于廉洁透明政府的建设。传统政务在处理时,不仅需要上下级直接的交流,而且也需要大量的工作人员和公众面对面的沟通。由于存有较大的人为因素,办事的随意性较强,规范程度不高,并为以权谋私提供了便利。而利用电子政务技术,使得政府行政流程实现了标准化和规范化,政府行为和信息在网络上得到了最大程度的公开。公众可以直接借助于网络获取政府信息,按照电子流程来办事,而不需要或者减少了与办事人员的直接接触,从而减少了人为阻碍和行贿受贿行为的发生,有助于建设廉洁透明的政府。同时,通过网上办公和远程会议,无需面对面沟通,也体现了办公的非接触性。而且,由于信息技术在政务中的运用,管理幅度大为增加,相同工作量所需的工作人员大为减少;也由于事务性工作的电子化,也势必会减少工作人员。在某种意义上说,电子政务正向无人化政务方向发展。

再次,电子政务是以服务为导向的政务体系。在传统政务模式下,政府通过电视、广播等手段发布政务信息,公众通过信件等手段向政府传递信息,彼此无法及时沟通信息,因而,对公众的服务意识和提供的服务比较欠缺。电子政务模式下,政府和公众之间的沟通变得异常便捷,形成了服务型政府。它能主动收集和了解公众的生活信息、活动习惯以及对政府的服务需求,还可以用"一站式"、"一门式"的无间断服务便于公众不受部门边界和时空限制随时了解各种信息,选择所需要的服务方式和服务种类,充分享受政府为人们提供的全天候、零距离的各种公共服务。①

电子政务按照服务对象来看,主要分为四类,即政府对政府的电子政务(G2G)、政府对公众的电子政务(G2C)、政府对公务员的电子政务(G2E)和政府对企业的电子政务(G2B)。G2G是上下级政府、不同地方政府、不同政府部门之间的电子政务,其目的是打破机关组织部门的垄断和封锁,加速政府内部信息的流转和处理,克服政府各部门之间的相互推诿、扯皮现象,提高政府内部的行政效率,具体内容包括电子法规政策系统、电子公文系统、电子司法档案系统、电子财政管理系统和业绩评价系统等。G2C是政府通过电子网络系统为公民提供的各种服务,提高政府政务活动的透明性,有利于公民民主参与和有效监督,促使公务员的廉洁自律,具体内容包括教育培训服务、就业服务、电子医疗服务、社会保险网络服务、电子证件服务和公民电子税务等。G2E是指利用

① 原中虎.电子政务.北京:北京大学出版社,2011:14.

互联网建立有效的行政办公和公务员管理体系,为提供政府工作效率和公务员管理水平服务,主要包括公务员日常管理和电子人事管理。①

网络民主是信息时代民主表现的方式之一。“网络民主是参与主体借助网络技术,以直接参与为主要形式,以高度互动为主要特征,以网络空间为载体,培育、强化和完善民主的过程。”②需要说的是,现时代的网络民主是“对代议制民主的修正和完善,而不是颠覆和取代,它必须以代议民主作为主体制度运行框架,只不过网络民主强调更多的直接参与和更多的直接民主成分,以达到直接民主和间接民主的平衡”。③ 不过,从长远来看,网络民主是民主发展的方向和趋势。

网络民主的产生有着深层次的原因。一方面,政治民主化趋势是网络民主产生的内在动因。民主政治的本质是主权在民,核心是公民的政治参与。但是,代议制民主存在低效率、反应迟钝、歪曲民意、精英政治、腐败问题、传统的责任保障机制失灵以及与其相对应的庞大的财政支出等问题。④ 这导致现代公民政治参与热情在不断降低,同时,也引发公众的不满,要求进一步民主化代议制民主,即“从依赖代表转为依赖人们自己”。⑤总之,民主化的内在要求为网络民主的发展做好了政治上的准备。另一方面,网络技术的快速发展是网络民主产生的外部原因。现代民主体制是公民与代表之间的互动。正如工业时代新的通讯和交流技术的出现改变了人与人之间的交往形式一样,互联网技术的发展使得公

① 吕晓阳,谭共志. 电子政务理论与应用. 北京:清华大学出版社,2010:14 - 17.

② 郭小安. 网络民主的概念界定及辨析. 天津行政学院学报,2009(3).

③ 郭小安. 网络民主——媒介与民主关系的新形式. 四川行政学院学报,2009(1).

④ 宋迎法,刘新全. 电子民主:网络时代的民主新形式. 江海学刊,2004(6).

⑤ (美)阿尔温·托夫勒. 第三次浪潮. 北京:三联书店,1983:495.

民与代表之间的对话和交流也发生巨大的变革,更重要的是,网络技术还对代表与民众之间的互动机制——代表制度(即代议制)本身产生了最大程度上的影响。网络技术改变代表议政的方式,为民主参与开辟出新的渠道,并为实现网络民主提供了可能。而且,网络民主具有操作简单、运作成本低廉的特点。因而,网络不但影响民主,而且还要改变民主。

网络民主因其基于网络而与传统民主不同,有着自己的特点。第一是网络民主的直接性。在网络政治中,每一个公民都可以借助于虚拟的网络空间直接发表个人政见,而不需要经由他人来代表自己表达看法和意见。这种在虚拟空间直接发表的意见因其脱离了社会身份意识的自我约束和社会监督,而更自由、更自主、更真实。同时,公民还可以在网上对政府议案进行电子投票。总之,经由网络技术媒介,而不是通过代表这个中介,来直接参政议政是网络民主的一大特色。第二是网络民主的平等性。所谓政治上的平等是指人人都有权利参政议政,并且,这种权利不应存在差别。网络的发展则进一步推动了平等政治的向前发展。网络的发展使去权威化和非中心化非常明显,它排除了传统意义上的由社会职务地位、职业、阶层等构成的社会秩序结构,也不存在正式化的组织机构,因而形成了人们话语权上的相对平等。也就是说,在网上,只要达到法律允许的参政条件,不论平民还是国家元首、穷人还是富人,都可以对政府的政策发表自己的见解。并且,普通公民发表的意见和政治家所说的效应几乎是一样的。第三是网络民主的快捷性。“政治事件的发生,你的意见、政治家的态度以及政府决策和相关的表决结果,这一系列与政治有关的活动和内容,在网络上是以光速传播的,政治活动变得非常迅速,较之传统意义上的利益表达更具时效性。”①第四是网络民主的人民性。代议制民主

① 李斌.网络政治学导论.北京:中国社会科学出版社,2006:186.

的运作不仅需要付出诸多成本,而且需要相应的精力和技能。这成为深度参与民主的重要障碍。不过,随着网络民主的兴起,由于其廉价和便利,使民主开始从金钱民主和精英民主中摆脱出来,朝着人民性的方向发展。第五是网络民主的非接触性。网络民主借助于互联网,使得“从依赖代表转为依赖人们自己”。因而,人们不需要代表这个中介,不需要与代表接触,自己直接就某一问题进行投票表决。

网络民主在促进民主政治向着具有无人化社会特点发展,主要表现在以下几个方面:

首先,网络民主推动代议制民主向非接触型民主发展。由于一直来受限于相对较落后的交通和通讯手段,民主参与的成本高,周期长,直接阻碍了民众直接参与的实现。但是,随着信息技术的发展,特别是网络技术的发展,互联网把全世界连为一体,形成了真正意义上的“地球村”,网络民主参与因而变得非常便捷,人们只需上网就可以对政府议案进行电子投票或发表自己的看法。而且,互联网和电脑的普及使得网络民主参与的成本越来越低。另一方面,信息技术的发展,使得政府官员和民众获取信息的能力在逐步缩小,从而打破了政府官员对信息的垄断。同时,网上信息和知识的迅速传播也不断提高了公民的文化知识水平和管理水平。这些都使得公民能够对问题作出自己理性的决断,而不必凡事都依靠“代表”来作决策。因而,公民在线参与决策成为时代的潮流,推动着非接触型民主的发展。

其次,网络民主改变了传统的金字塔式社会等级结构,促进了社会向着基于技术架构的自由、平等和开放的方向发展。传统的社会结构是一种金字塔式的结构,即是一种高度集权、等级森严、垂直管理的官僚等级结构。不过,随着网络社会的兴起,这种权力结构遭受到前所未有的侵蚀。网络社会的去权威化和非中心化的特性打破了传统金字塔式的纵向等级权力结构,使权力下移,组织结构扁平化，促进了公民和政府官员的直接沟通和对话。而且，无论你是什么社会身份和地位，只要你在线上，就可以在虚拟空间参与国家或地方事务的讨论，并且，是自由地发表意见，不受其他人的限制，他人也无法限制。可见，网络民主促进了自由的发展，并使得公民平等地参与政治。同时，网络民主还促进了政治公开的发展。由于网络空间不存在边界、四通八达，使得对信息的封锁和控制变得非常困难。人们不能在网络空间的此处发布信息，就可以彼处进行传播，信息完全公开化。因而，政府的“黑箱操作”已经越来越不可能，政治公开化已是大势所趋。总之，网络民主的兴起使得“人为”的依附性大大减弱，促进了建立在技术架构上的自由平等得到了极大的发展。

综上对生产和政治领域的分析，我们可以对低级无人化社会得出如下一些结论：由于信息技术的突飞猛进，人类对社会众多领域中信息的感知、获取、跟踪、处理能力大为提升。正是由于对信息掌控和处理能力的极大提升，使得人类能把以前分散的或者分割成块的部分或者貌合神离的整体或者联系不够紧密的整体有机而紧密地联系在一起。于是，社会就产生了一个个初步一体化的整体，这些一体化的整体组成了大的联系较为紧密的社会体系，取代了原先联系不够紧密的社会体系。这个高度一体化的社会已经能够精确地扑捉和处置体系内发生的一切事情，譬如精确地控制生产过程，甚至是进行点对点的个性化销售等，推动着人类社会向着精确化方向发展。低级无人化社会可以看作是精确化社会的起始点，预示着人类社会将向更令人惊异的精准形态发展。这极大地提高了效率和劳动产出率，节省了时间和人力。同时，由于信息技术替代人力上非常显著，使得人力在众多社会领域中被“清退”出来，不再需要人力进行生产或管理甚至是决策。人类在某种程度上变成了“旁观者”，而不再是处于其中的“当局者”。

当然，由于技术的局限性，人类并非完全从中彻底地退出来，有些领域还不能脱离开人类。人类只是“不在现场”,与之保持一定的距离,而不是脱离开。也就是说,人类社会开始向着无人化社会发展,向着非接触性社会发展。这是数千年以来人类社会一次极为重大的突破,或者说是一次飞跃,标志着人类社会进入了一个崭新的发展阶段。但是,这个无人化社会的到来是人类数千年以来梦寐以求的目标吗?这是仁者见仁智者见智的问题,但是,它是一定会来的,也正行进在朝我们走来的路上。

第二节　高级无人化社会的特征

正如我一直在论述的,不同社会的进化在某种意义上是对应于不同工具的发展。完全人力型社会对应于最初的材料技术的发展及由此造成的无动力工具的发展,半人力型社会对应于能量科技的发展及由此造成的动力工具的出现,低级无人化社会对应于信息技术的迅猛发展及由此造成的计算机控制的自动化工具的发展。那么,高级无人化社会出现的标志是什么呢?我认为是泛在网络的高度发展和机器人技术的成熟,并由此发展出广泛应用于研发、管理、生产及生活之中的自动化工具和机器人。特别是机器人技术的成熟并加以广泛应用,更是表明了人类社会已进入高级无人化社会。同时,我相信,随着科技越来越快的发展,高级无人化社会或许用不了多少年就会出现。乐观地估计,我想22世纪将会进入一个新的社会发展阶段。

高级无人化社会是一个创新性极强的社会,或者说创新是其最为显著的标志。在这一社会阶段,创新特别是科学研究已成为人类最为主要也是最为重要的活动,甚至有理由认为是人类唯一的活动。或者创新是这一时期人类社会最为主要的任务。可见,高级无人化社会就是一个完全创造性社会。此时的创新具有如下的特点:

一是创新的速度更快,频率更强。我们知道,人类的科技知识在19世纪是每50年增加1倍,20世纪中叶是每10年增加1倍,

20世纪后期则是每3年至5年增加一倍。到了高级无人化社会,由于创新地位的凸显和投入的智力资源剧增,创新性研究将以前所未有的速度和频率向前发展,它不再以年为创新时间单位,可能以月甚至以日、小时为创新的时间单位。科技创新发展的高速度必将推动科技知识总量或者说规模以惊人速度增加。

二是创新的水平更高,难度也更大。这一阶段创新的领域更宽广,更深入。科学研究不仅仅是去认识和改造地球自然,还要去认识、到达更遥远的星际物体和宇宙现象,研究人的主观世界或者说意识、智力。这将会面临更多、更广、更复杂的问题。这些问题的解决往往要涉及多门学科,对理论思维和技术手段的创新要求相当高。譬如问题确立的创造性,搜集科学事实的创造性,思维加工的创造性,形成假说、建立科学理论的创造性,构思技术原理的创造性和技术设计、制作的创造性。① 与此同时,借助于基因技术和内嵌式脑电子技术,人类的思维能力有了极大的提升。而且,此时的科学研究已经借助于发达的虚拟仿真技术来进行,同时,辅之以必要的实在试验。而且,它更多的是与虚拟仿真结合在一起。想象和创造性直觉成为人类最为主要的科学方法,因为一般逻辑推理和实验手段可以由智能机器来完成。因而,人类能不断提出新观念、新思想、新设想、新方案、新创意,作出新创造。或者说作出开创性的科学发现和科技发明,形成高水平的创新成果。

三是创新的纯粹性。这一阶段的创新不再主要通过外力的刺激,譬如金钱、权力和名位等,而是纯粹地为创新而创新,为知识而知识。虽然这之前也有较为纯粹地为创新而创新,但与高级无人化社会的创新相比,还是存有一定的差别。因为在这一阶段,权力和名利处于消失之中。加之,研究回归本身的速度加剧,故而,创新更具纯粹性,也更有积极性,有力地推进创新本身的发展。这是

① 周绍森.科技创新论.北京:高等教育出版社,2002:159.

高级无人化社会的重要标志之一,即人类社会真正以创新为本。

四是创新的人机结合性。与之前的创新相比,高级无人化社会的创新并不是只依靠人来创新,而是人机结合在一起创新。这是因为计算机的智能化使得一般的逻辑分析推理被智能计算机所替代,实验也由智能机器人来完成,人类所从事的只是创造性的脑力劳动或者说高级脑力劳动。整个创新已不仅仅是人的事情,也是智能机器的事情。正是由于这一时期创新讲求人机结合,使得创新的速度和规模都在加速和剧增。需要说的是,高级无人化社会的智能计算机和机器人应该达到了高度发达的地步,它们极有可能完全取代人来从事创新。自此,创新完全变成了智能计算机和机器人的事。

五是创新的组织体系化和模块化更显著。由于科学研究的功利性在不断衰减,存在于研究部门和研究人员之间的樊篱彻底地被打破,与此同时,高度发达的泛在网络使得分布在海上、海底、大漠、平原、山区、天上、太空甚至是别的星球上的研究力量能更有效更紧密地结合在一起,或者说它们之间一体化的程度达到了前所未有的地步。或者可以说,每一研究机构或力量是这个创造性社会的一个节点,这些节点组成一个巨大的创新体系或创新联合体。而且,由于大量智能计算机和机器人在研究中的使用,各个研究机构之间的研究信息的传递更快捷,研究进展能更好地加以把握。当然,由于研究者以电子人的方式存在,人机交流达到了高度发达的地步,整合的程度更高更便利。这一时期的创新以高度体系化的力量在进行。另一方面,围绕某一复杂的科学问题,跨部门和学科的研究力量可以迅速地组织起来,或者说以模块化的方式结合在一起,形成具有高度灵活性的研究力量。

高级无人化社会是一个高度体系化的社会或者说是高度一体化的社会。正如前面所提及的,由于网络技术的发展,初级无人化社会已发展成为一个初步体系化的社会,或者说是个一体化程度不够深的社会。到了这一时期,由于泛在网络的深入发展,使得所有一切包括人和物都无时不处在网络当中,无处不处在网络当中。甚至可以说地球上的一切东西24小时都处在网络之中,没有也不存在能脱离开网络的人和物。高度发达的泛在网络使得创新、生产和共同体管理部门的一体化程度不断加深,并融合成一个密不可分的整体。我们知道,在计算机网络技术的支持下,生产部门最先实现一体化,也是一体化实现最好的部门。随着泛在网络的发展,生产的一体化程度更深,融合度更深,形成一个高度无缝对接的能即时响应、即时设计和制造的生产体系。高度融合的生产体系面对市场的需求或者更确切地说是人的需求,能在第一时间和最短时间内将获知的人的需求信息发送至研发设计部门。由于高度智能化的计算机和机器人在设计部门的广泛运用,设计部门可以不知疲倦、24小时地工作,加之计算机的处理运行和智能决策速度更快,因而,能在最短时间内或者说即时按照人的需求设计出他所需要的产品。当产品设计信息传至制造部门,由于发达的泛在网络,可以在最短的时间内、在全世界范围调配生产资源,调整资源储备,然后,由高度智能化的计算机和机器人组成的无人化工厂进行24小时高效率的生产。当然,随着制造技术的发展,即时生产能力也获得了极大的发展。因而,产品能在最短的时间内生产出来。也由于即时生产技术的发展用户即时能获得产品,也能即时获得服务。可见,此时的整个生产体系是高度融合的即时生产体系。政府(共同体)治理也在初级无人化社会时期形成了一体化的服务与管理体系。到了高级无人化社会,其一体化程度较前者更深。不过,我以为此时体现政府(共同体)治理一体化程度的标志是金字塔型社会结构的消亡,代替它的是基于技术架构的扁平社会结构。众所周知,由于泛在网络的发展,加之智能计算机和机器人在政府(共同体)的广泛使用,使得政府(共同体)能随时随地地获知全方位的信息,或者说即时获知信息的能力得到了极大的增强,不必层层传递信息;同时,政府(共同体)治理能把服务与管理直接“送到家、送到个人”,或者在网上自助完成,不必依赖下一个层次的部门来当“中转站”,从而最大限度地减少纵向上的管理机构。这样,由于管理中间的层次减少到一张纸那么薄,能对管理与服务作出即时反应与处置,标志着一体化程度达到了前所未有的地步。与此同时,也由于泛在网络以及人联网的发展,网络民主把所有公民包括电子化公民整合在一起。人们彻底不必依赖代表来作出政治决策,而是完全依靠自身来对所要表决的问题作出自己的判断,而且是随时随地地作出决策,即时形成并获知对问题的最终表决结果。由此一来,权力结构变成扁平型。这三大体系化的人类活动也经由泛在网络交换相互的信息,互相感知,真正构成一个非常有序、紧密连为一体的扁平型社会。或者说,每一体系化人类活动是这个扁平型一体化社会的一个节点,这些节点组成了一个巨大的、极其紧密结合在一起的联合体。

高级无人化社会是一个无人化程度极高的社会或者说是完全无人化的社会。我们知道,在初级无人化社会,由于信息技术的发展,人类已变成了类似于生产领域的“旁观者”,而不再是处于其中的“当局者”。或者说它逐步从第一线隐退,而“躲”在幕后操纵。当然,由于技术的局限性,人类没有也不能完全从各个领域彻底地被“清退”出来。进入高级无人化社会,由于智能计算机和机器人以及泛在网络的深入发展,人类在三大体系化的活动中几乎彻底消失了。也就是说,高级无人化社会是彻底不需要人类的社会,是人与生产、人与创新、人与共同体管理高度不接触的社会。

在农业领域,智能农业的发展使农业摆脱了自然的束缚。智能化的计算机控制着水稻、小麦以及蔬菜等所需的日光、养分、温度、湿度和二氧化碳浓度等,智能机器人可以进行幼苗的移栽、苗木的嫁接以及果实的采摘收割等。这样就形成了一个个无人化农场,整个农业生产无需人的介入。在工业领域亦是如此。工业生产是最先运用机器人、也是机器人使用最多的生产领域。随着无人化工厂的建立,运料、上料、换刀、加工、检测和装配等各个生产环节都由机器人来完成,完全不需要人类了。在服务领域,也实现了高度的智能化。在初级无人化社会时期,服务行业还需要大量的人力,拉低了整个社会的无人化水平。到了高级无人化社会,各种服务机器人诞生了,如清洗机器人、家庭机器人、医疗机器人等。以家庭机器人为例,它可以承担各种家务劳动,如打扫卫生、洗衣、做饭等,完全替代人类来完成家务劳动。可见,由于智能机器人的广泛使用,服务行业的工作可以由机器人来完成,从而使得整个社会的无人化程度得到了极大的提升。创新领域亦是如此,一般的创新活动由机器人来完成,甚至高级的创新活动也由机器人来完成,人成了多余的。共同体管理方面,很多事务都由机器人来完成,或者人轻点鼠标或脑电子脉冲闪下就完成共同体事务的表决。

综上所述,高级无人化社会是智能化的计算机和机器人占主体地位的社会,它们完成各种体系化的社会活动,人类完全真正地隐退于幕后观望(不同于初级无人化社会的“垂帘听政”)。这是一个彻彻底底的无人化社会,人类社会终结于此。

高级无人化社会是一个高度分布性、精确化的社会。我们知道,随着泛在网络的深入发展,集聚不再成为社会主体的存在方式,分散成为一种常态,也是一种主体的社会存在方式。最显著例子的就是生产。借助于泛在网络,生产已完全超越物理空间的限制。在此处设计,在彼处制造,甚至是在家里进行 3D 打印制造,在我们能够想象的有需要的地方制造,如别的星球。创新亦是如此,此处的一个灵感或想法,可以在彼处进行实验验证。举一个不是很确切的例子就是在陆地上提出新理论,立马可以在失重状态或深海里进行验证。当然,由于整个社会已处于一体化的系统之中,此时的所谓分散只是“形散而神不散”的体现,而不是真的处于分散状态下。与此同时,由于社会以体系化的方式存在,人的需求能够及时而精确地被感知。生产系统根据泛在网络传递过来的需求信息,如不同人的个性喜好、生理条件、居住特点、气候环境、创新优势等,来进行完全满足他个性化需求的生产和服务,或者说提供精确化的产品和服务。也就是说,这是一个高度"智慧"的社会,它能给予人以个性化和精确化的产品与服务。

高级无人化社会是一个与自然高度契合的社会。我们知道,在初级无人化社会,推行知识创新,使得人类能够对自然资源进行集约化的利用,加之知识创新本身的无损性,从而进一步促进了人类社会和资源、环境保护或者说和生态的协调发展。到了高级无人化社会,知识创新已成为社会最显著的特征,因而,与生态的协调发展就成为必然的结果。不仅如此,由于传感器和网络不再局限于人类社会,而是向自然覆盖,向动植物覆盖,大自然不再成为地球上最后的"信息孤岛"。由于泛在网络在大自然中的延伸,人类能够感知大自然的呼吸与心跳,即对大自然发生的一切能了如指掌,从而能尽力避免对大自然的破坏。即便对大自然进行开发研究之类的活动,也由于整体精确的把握,破坏性也减少到最低限度。此外,由于机器人占据社会的主体,其生存方式与人类或许存有差别,可能不会对大自然造成破坏,或者破坏轻些。这样,高级无人化社会和大自然形成高度的和谐共存。当然,这种高度共存不是对大自然的"无为",或者说这时大自然还是自为的,而是一种高度介入的共存。

第五章　人最后的统治

在分析完无人化社会所谓的外在的物性的特征后,下面将就该社会所谓的内在的人的因素——人在该社会的地位、存在状况以及趋势进行详细的探讨,以期形成一个无人化社会完整的概念。

我们知道,由于网络技术的出现,初级无人化社会一分为二,即网络虚拟社会和现实社会。网络虚拟社会虽然不同于现实社会,但是,它却实实在在地改变了现实社会的固有状态,甚至是顽固得难以改变的状态。首先,计算机网络技术的发展创造了一个不同于现实空间的网络空间。现实空间是存在边界的,且被分割成条块状。信息的传布很容易被限制在有限的空间里,即使是坏消息的传布也是比较有限。然而,网络空间就不一样。它不存在边界,四通八达,信息的传布和获知极为方便快捷,或者说民众可以在第一时间发布或获知社会发生的事情。也就是说在网络空间民众发布或获知信息的能力都剧增,远超出在现实社会中口耳相传的速度。同样,在网络空间拦阻民众发布或获知信息的能力难度也较大,远超出在现实社会中限制口耳相传的难度。民众在网络空间发布信息,不能在此处就能在彼处,信息很难被堵塞、封锁和控制,真相很难被淹没。同时,民众可以借助于网络获知众多有益的信息,其文化知识水平和管理水平较以往都有很大的提高,可以作出自己的理性判断,不会为片面之词所蛊惑。可见,在网络社会中,它最大限度地增强了民众第一时间获知信息和真相的能力,最大限度地提升了民众对是非曲直作出自身思考和判断的能力,使得民众较以往相比很难被愚弄和欺骗。这可以说是网络社会对现实社会扭曲真相、延时公布真相的一个重大的矫正,是技术力量对现实存在的提升。不仅如此,网络是一个环状或者圆桌样的存在,很难说这是上、那是下,这是次要的、那是主要的。很显然,网络的发展使去权威化和非中心化非常明显,它排除了传统意义上的由社会职务地位、职业、阶层等构成的社会秩序结构,也不存在正式化的组织机构。或者说,在网络虚拟社会,社会身份和地位的重要性也不如在现实社会那么重要和明显,谁也不在意你的身份地位。不论你是平民还是国家元首、穷人还是富人,大家都是一样的。只要达到法律允许的参政条件,任何人都可以在虚拟空间参与国家或地方事务的讨论,并且是自由地发表意见、传播言论,不受其他人的限制,也无法进行限制。民众与国家元首、穷人与富人不仅有权讨论,而且,其发表的意见也没有高下轻重之分,或者说重要性几乎是一样的。也就是说,在网络面前,人人是平等的、自由的。这是基于技术力量的真正的平等。此外,随着网络技术的发展,民众参与国家或地方事务的成本越来越低,也即网络为民众参与国家或地方事务提供了基本的技术支持手段,使得民众参与国家或地方事务的便捷性大增,民众只需鼠标轻点就可以对政府议案进行电子投票或发表自己的看法,从而也就提高了民众参与的积极性。由此可见,网络虚拟社会不是一种虚拟的力量,相反,它是一种实实在在的力量。它利用强大的技术力量改变了民众的存在状态以及力量,或者说在很大程度上通过技术强化了人民群众是历史的创造者和推动者的这一发展趋势。这是建立于技术力量之上的历史发展的大趋势,没有任何力量能加以改变。

网络在推高民众力量的同时,也在逐渐削弱国家力量或者说政府的地位以及政府官员的权力。国家自诞生以来,一直处于高高在上的地位,始终以金字塔型纵向等级权力结构作为架构。且不说以高度集权、等级森严、垂直管理为特征的集权体制,就是分权体制也不免烙上这些印记。当然,分权体制与集权体制还是有较大差别,起码自由度和平等性更多。而且,从集权体制迈入分权体制也是一种历史的进步,也为后续的社会发展奠定了一定的基础。随着网络技术的发展和网络虚拟社会的兴起,一方面它打破了政府对信息的垄断,政府无法也不能对信息进行掩盖、截留、扭曲。政府越是对信息进行所谓的精巧的加工,结果可能越是适得其反。政府只有如实公布信息,才能在网络信息发达的时代不至于成为多余。因而,在某种意义上,政府也只是作为一个普通的信息接收者和发布者而存在。另一方面,民众借助于网络参与国家或地方事务的讨论,或者对政府议案进行电子投票,而不必凡事都依靠“代表”来作决策。如果民选代表和政府官员不能真正为民众谋福祉,不能为社会做贡献,那么,既然民众自己可以作表决,他的存在显然也是多余的。因而,为了证明自己存在的价值,社会的统治者和管理者就必须沉下身来与民众进行直接的沟通和对话,就必须摒弃“暗箱操作”,就应该成为真正的人民公仆。否则,民众可以对这种无用且无益的政府加以抛弃,让它一边自鸣得意去吧。可见,在网络时代,政府官员和民意代表不再是处于上位的强者,它们是人民真正的公仆。因而,在某种意义上说,我们也可以说政府官员和民意代表也只是很普通的大众一员。总之,网络虚拟社会的发展使得它借助于技术的力量进一步强化了原先在分权体制下政府弱化的趋势,进一步拉平了民众与政府之间的距离,进一步强化了政府官员和民意代表是人民公仆这一发展趋势。这是技术力量推动下的历史发展的必然趋势,没有任何力量能改变这一发展趋势。

综上所述,初级无人化社会在强大的网络技术力量的推动下,赋予了人更多的自由与平等,社会控制变得越来越难。这种平等与自由的获得以及社会的非控制化是一种不可逆转的趋势。而且,在网络技术力量的作用下,权力下移给民众和政府趋于弱化的趋势也明显增强,这使得民众的主动性和积极性都得到了极大的提升。然而,需要指出的是,面对民众积极性和主动性的剧增,却产生了一个问题,即在网络空间里,公众对社会社团的依附性大大降低,社会的非群体化特征日渐明显。这种社会的高度分化使得动员多数人越来越难,而少数派的权利却凸现出来。因而,在技术力量增强民主的同时,创新民主机制,变革民主原则,进一步促进民主的完善,成为社会发展重大的课题。

到了高级无人化社会,产生了一个具有标志性和里程碑意义的事件。这就是国家共同体的消亡。这是进入高级无人化社会的标志之一,也是和早前社会最大的不同地方之一。那么,国家消亡对人的统治或者说人类社会将产生怎么样的影响呢？在回答这个问题之前,我们首先来探讨下国家是如何消亡的。不要以为这是偏题的,其实不然。唯有追根溯源,才能得出合乎逻辑与历史发展事实的答案。

众所周知,进入高级无人化社会后,随着信息技术和机器人技术的进一步深入发展,智能计算机和机器人广泛存在,并普遍运用于生产、服务、管理和研发之中。整个社会完全是一个由智能计算机和机器人构成的世界,是一种高技术存在。或者说高级无人化社会是一个高技术社会,其先进发达程度是以前其他社会包括初级无人化社会所不能比拟的。这些智能计算机和机器人早已超越孤立存在的状态,它们通过无处不在、无时不在的泛在智能网络连接起来,彼此间可以交换相互的信息,感知一切,控制一切,真正构成一个非常有序、高度可控的智能化社会运行系统。此时,整个社会借助于高科技力量已把自身紧密地连为一体,并处于一种高度“智慧”的状态。此时的社会已完全不存在任何“信息孤岛”,相反,它还会“吞噬”任何企图孤立化的存在。

技术总是最先影响生产系统,这是一条亘古不变的真理。在高新技术的作用下,这个由智能计算机和机器人武装起来的智能化社会或者说高度“智慧”的社会的生产系统发生了极为重大的变革,呈现出与以往大不同的特点,主要表现为:借助于能力超级强大的中心计算机群和泛在智能网络,强有力的生产系统能够精确而即时地获知人们所需要商品的各种信息,并即时地把它反馈给无人化工厂。这些分布于各处的无人化工厂根据这些信息及时地从全球各地调配资源,调整资源储备,进行快速生产、精确生产和个性产品生产(即按需生产),使生产或者说供给和需求最大限度地达致平衡,乃至达成完全的供需一致,绝不留有任何剩余的货物,绝不浪费一点点的资源。而且,这种无人化生产方式是经过计算机严密计算的,其生产和运输过程都是无人化的,其成本是最低限度的。这时,整个社会将处于这样一个状况:由于生产和交换经过智能计算机精确计算和管控,生产的计划性显著增强,不会出现所谓的浪费,更别说会导致危机的产生。此时的生产是一种计划性生产,借助高技术力量进行的计划性生产。建筑在高技术力量基础上的计划性生产的产生标志着社会经济制度的重大变革,也意味着社会有序性、精确化生产达到了新的高度。与此同时,计划性的生产与精确化的生产使得交换的利益驱动性逐渐淡化,乃至消失了。很明显,交换的消失意味着私有制从历史舞台上退下来了,公有制成为社会唯一存在的所有制形式,也即社会所有财产归全体民众所有。此外,个性生产的明确化和成本最低化也使得人们可以按需分配了。也就是说人类借助于高技术力量无须再为财富而争斗,为权力而争斗,因为争斗的根本目的是利益,而此时人类在高科技的作用下完全在财富上处于平等。这就从生产的角度宣告了国家的使命到此完结了,因为它只是为了维护某些人和某些阶级的利益,为了某些人和某些阶级争夺利益。现在利益共享,财富公有了,它就可以退出存续几千年之久的历史舞台了。概括地说,以智能计算机和机器人以及泛在智能网络为核心的高技术的产生和广泛使用导致生产系统内部巨大的变化——带来计划性的生产、公有制与物质财富上的平等,并进而引发以维护阶级利益为根本的国家的经济基础销蚀与瓦解。这是促使国家消亡最基础也是最为重要的一步。

这里不得不强调下,在某种意义上说,任何新制度的建立都源于技术的进步,只有技术才能实现存于人们心中的想象之物。脱离开技术强大的支持和推动,对于新事物的想象只能而且永远是想象,没有任何实现的可能和机会。退一步讲,即便实现了,也只能是很小范围、很朴素也很不扎实,极易在风吹草动中土崩瓦解。由此,不难发现技术蕴藏着的能量——它是社会制度变革的第一推动力。而且,技术作为社会推动力的作用是随着技术本身的加速度发展而越来越明显,且社会逆转性发展的可能性也越来越弱。这可以看作是社会发展的一条公理。还需要说的是,任何寄希望于脱离技术而创建新的制度,在很大程度上讲是传统的人力社会思维的结果,而不是先进的技术力社会思维的产物。而且,这种做法随着技术的加速度发展而变得越来越不可能。

生产领域的重大变革必然会传导至上层建筑,使之也发生相应的变革。最明显的是阶级的消失。由于以泛在智能网络和智能机器人为核心的高新技术的发展促进了公有制的实现,财富占有完全平等化。这就意味着阶级存在的经济基础瓦解了。既然阶级存在的经济基础瓦解,那么,存在几千年之久的阶级也就随之消亡了。此时,已经没有了统治阶级和被统治阶级,全体人民都属于同一个阶级,或者准确地说,全体人民都属于无阶级的阶级中的一员。也就是说,由于阶级的消亡,全体民众变得完全平等了。当然,如果按照消亡的顺序来看,处于基础的生产系统的工农阶级是最先消亡的,资本家也基本和其同步。由于高级无人化社会是个创新联合体,所以知识分子属于最不会消失的阶级,而且,还是该社会唯一的阶级,如果说有阶级的话。其次,政府的消亡。虽然政府在为人民服务的道路上已走得很远,但是,以暴力为后盾的政府还是或多或少、或明或暗地为某些人和某些阶级服务。不过,随着技术力量导致的财富平等化以及阶级的消亡,政府不必为哪个特殊的阶级服务,也不必去维护某些人和某些阶级的既得利益。也即政府和暴力已无用武之地,成了摆设。另一方面,技术直接作用于上层建筑。由于智能技术和机器人应用于政府部门,使得政府工作的中立性剧增。同时,由于技术力量彻底打破了政府的边界,政府不再成为特殊的高高在上的存在,政府官员与民众融为一体,不分彼此。换句话说,民众既可以为政府官员,亦可以不是,界限完全“模糊”。也就是说,此时政府不再为特殊的阶级服务,也无法为特殊的阶级服务,而是真正只为人民服务了。

综合两方面的考虑,国家力量丧失了对内暴力的功能,成为一个无利益差别、无阶级差别、无政府统治的“空心”共同体。或者说国家消亡了。

随着国家的消亡,民主的统治功能不存在了,但民主的其他功能还是存续下来。在高级无人化社会,一切都是技术化的存在。所以,网络民主就成为民主最重要的表现形式。而且,高级无人化社会普遍存在着智能计算机和机器人,它们全面替代人类的体力劳动和非创造性脑力劳动,乃至创造性脑力劳动。由于智能机器对人力的全面替代,高级无人化社会无需大量的人力存在,也许只需要很少的人力,是个小规模社会(当然,这只是从人力的角度出发得出的结论。如果从智能机器的角度出发,很显然是一个非常复杂庞大的社会)。因而,在高级无人化社会,技术力量使得直接民主成为了主流的唯一的治理方式。当然,这个直接民主不是人力型直接民主,而是网络直接民主。另一方面,随着物质利益差别的消亡,人们不再为权力而斗争,也即权力开始消亡了。由此,整个社会秩序不再按照资本和权力的意志去建构,不再按照这些异化人类的力量去建构,而是借助技术力量,按照人本身的力量,即作为自己主人的方式去安排和建构,真正实现了主体的人的自由平等。在这个完全透明的社会,社会成员都可以平等地获取社会治理信息,社会治理信息不对任何人隐瞒。在这个不需要外在支持力量(权力与资本之类的力量)存在的社会,人真正成为人自身,彼此间是自由平等的,不存在任何身份、性别、职业和地位等的差别,也不存在任何约束和压迫。在这个政府边界被打破的社会里,没有固定的高高在上的公共权威,有的是主持人、监督员或管理员之类的身份。人人都可以去类似智能化的社会管理与服务中心工作,轮流负责这个社会某一时期的事务。智能化的社会管理与服务中心为全体成员提供最优质的的服务、最人性化的服务和无差异的服务。在对于事关社会发展的事务,智能化的社会管理与服务中心会通过泛在网络征求所有社会成员的意见,分布在各地的成员都能通过泛在网络发表意见、投票。智能化的社会管理与服务中心自动分析、统计反馈回来的意见和投票信息,并主动与社会成员沟通,形成高效率的决策体系。由于人力的减少,意见的趋同性大增,不会形成一个个碎片化的意见群体,也由于此时人的智商更高,可以从大局考量,预见性大增。因而,此时的民主更容易形成一致的意见和共识,而不会分裂成无法统一的看法,变成否定性的社会。可见,无人高级化社会的民主水平更高,即充满信任和容易达成共识,并赋予了人完全的自由和平等,是个"自由人联合体"。对于人的统治,还有几个问题需要探讨下。

我们知道,人作为一个生物体,在各个方面都存有界限,其中也包括大脑的思维力。人的大脑有100多亿个神经细胞,其最大的记忆容量约为1000万亿比特(相当于可存储65万亿个汉字),而且,由于限于寿命的缘故,不可能用完。以一个人百岁计,他每秒存储1000比特的信息,也只用去这个容量的不到1%。同时,人的大脑的信息处理速度约为每秒1000万比特。而对照计算机技术的发展,似乎看不到其发展的顶点,它似乎向着更快速度、更大容量不停地发展。如日本开发出一种指甲壳大小的量子芯片,能够存储10万亿比特的信息。目前最快的超级计算机运算速度达到了每秒30千万亿次,正向着每秒10亿亿次乃至100亿亿次跃升。面对计算机技术无止境的发展,2006年,被美国学术界誉为"20世纪顶尖未来学家"的人工智能专家雷·库兹韦尔在《灵魂机器的时代》一书中预言,10亿人的大脑处理能力很快就可以被压缩到1立方英寸的量子电路上,在21世纪结束之前,人类将不再是地球上最有智慧或最有能力的生命实体,电脑的智能将比人脑高出1万倍。2007年,被誉为世界"人工大脑之父"美国科学家雨果·德·加里斯博士在其《智能简史——谁会替代人类成为主导物种》一书中大胆地预测道:"在21世纪内,人工智能机器的智慧将比人类智能高出亿万倍。"为了解释"亿万倍"的概念,他作了这样一个比较:"人攻读一个博士学位需要4年时间,人工智能机器却只需仅仅30秒。"他还打了个惊人的比喻:"人工智能机器的思考是如此的迅速以至于人类的思维节奏对于它们来说就像人类试着和岩石交流一样。"①可见,在人类与人工智能的对比中,人类逐渐不占上风。

为了能与人工智能保持同一水准,人类必须借助生物技术来干预自然进化,提高大脑的性能,创造出更聪明、人格更完善、体质更好、寿命更长的理想的人,或者说高智商、高情商、高道德水准的人,确保人类能在高级无人化社会占有主导性的地位。目前,科学家已经发现与智商相关的遗传基因的一些蛛丝马迹。如最知名的突变基因 Phenylketonuria(PKU),它突变的是 Phenylalanine hydroxylase 基因,一个在肝脏中将氨基酸 Phenylalanine 分解为 tyrosine 的酶。当这个突变的基因无法产生上述的酶时,有毒性的副产品聚积而伤害大脑的发育。另一个引起遗传性弱智的基因,其所导致的症状叫"Fragile X Syndrome",由这个基因位于X染色体而得名。在正常人的X染色体上,那段有三个核苷酸的重复顺序,最多不会超过五十次,而患此症的人却会多至几百,甚至上千次。结果是阻碍了基因的功能,更使染色体变得脆弱易折,常常失去最尖端的一端。和 PKU 的基因一样,Fragile X 基因对智商基因的影响也是间接的。② 我们相信,随着科技的进步,人类一定会找出与智商相关的基因,利用人工进化的力量创造出合乎高级无人化社会需要的人。

除大力通过生物技术加快人的进化速度,提高人的进化能力

---

① 转引自王文峰. 第四次飞跃——机器人革命改变世界. 北京:华文出版社,2012:14.

② 孔宪铎,王登峰. 基因与人性. 北京:北京大学出版社,2009:79-86.

外,利用电子技术改变传统自然人的概念,即创造电子人。这在现在就有人在做了。英国著名控制论专家凯文·沃里克就大胆地将电脑芯片植入身体,也因此被称为“世界上第一个电子人”。1998年,沃里克在电子人研究方面迈出了第一步,也是重要的一步。沃里克在自己的胳膊里植入一块芯片。这样,沃里克只要穿过所任教的雷丁大学走廊,就可以用芯片来控制房间的灯和门。2002年,一块有100个电极的芯片植入沃里克手腕,并植入电线,连接到电脑。当他想要抓紧拳头时,大脑的电子信号就会通过神经系统,经手腕传到手掌。晶片电极与神经细胞有所接触,所以也会接收到大脑的电子信号。晶片把信号传给电脑,电脑记录和分析这个信号,而且复制出同样信号,然后传给机械手,机械手做出抓紧拳头动作。沃里克的妻子伊琳娜也在手腕里植入晶片,以尝试在人与人之间进行电子信号转移。当他抓紧拳头时,伊琳娜也会做出同样的动作,反之也一样。沃里克宣称他将成为世界上第一位电子人——半人半机器。他计划在10年左右的时间内把电极植入自己的大脑。在《我是电子人》一书中,沃里克想象未来50年大多数人的大脑将通过全球计算机网络连接在一起。我们相信,随着电子人技术的深入发展,通过无止境发展着的电子技术与自然人体特别是大脑的结合,来提高人类的能力特别是智能,人类在新的高技术社会能掌握社会发展方向。

虽然人类借助于科技发展的力量也会增强自身的智商及其他能力,但是,从人类与智能机器或者说智能体的发展来看,似乎又是智能机器的发展更占据上风,乃至有取人类万物之灵的地位而代之的发展趋势。那么,智能机器会和人类和平共处,受人类的约束吗?智能机器不会对人类造成伤害,造成威胁吗?我们知道,智能体作为新创造的一种具有高度智能的存在形式,远不是自然进化出的生命体所能比拟。它是智能高度进化的产物,是一种人为的结晶,乃至是智能体自创造的产物。且不说智能体将来会有组织有预谋地排斥人类,甚至对人类作出严重的暴行,就是智能体出现简单的意外,如或中毒,或程序异化之类的,就做出危害人类的事。我们先来看些简单的例子。譬如,1978 年,日本广岛一家钢铁厂里的机器人焊枪手在切割钢板时,竟把一名值班工人当作钢板切割解体。1982 年,山犁县阀门厂一个机器人车床猛地跳起,向操作人员扑击;1984 年机器人先后杀死 4 名工人,其中一个处于监视人员管理之下的机器突然出其不意地走过去,把监视人员推倒,并从其身上碾了过去;另一个机器人挥舞双臂,给附近一个工人来了个“空手道”的一劈,将对方活活劈死;几年前,又有一个机器人把一名日本工人的安全帽打成碎片并击碎了他的头颅。1989 年,苏联举行一场特别的国际象棋大师比赛,由国际象棋冠军古德柯夫对机器人,古德柯夫连胜三局,却不料机器人恼羞成怒,突然向金属棋盘释放强电流,在众目睽睽之下,将国际象棋冠军当场击毙。[1] 以上的例子还比较简单,但是,它说明机器人杀人不是天方夜谭。当机器人的智能更高时,一旦出现问题,就不是杀一个、两个人了,有可能是很严重的杀戮。有人说,可以给智能体预设道德规则,使它不能危害人类。我对此表示极大地怀疑。也许低等级的生命会服从人类的命令和指挥,一个高等级的智能体它会俯首帖耳地听从人类的指令吗?它不会进行指令的修改吗?不仅如此,更为可怕的是,如果人类的能力弱于智能机器的能力很多,那么,它很可能不会听从人类的指令,反而不把人类当作自己的同类一样对待,或者对待人类如同远古时代的人们对待奴隶一样。它很可能不当回事地杀死人类,就如同现在的人类碾死一只蚂蚁一样。人类创造出了极有可能毁灭自身的高智能体,人的统治也可能随之宣告彻底终结。这不能不说是历史发展的一个悖论。

其实说到对人类的杀戮或者说以其他令人绝望的方式减少人

---

① 何由. 机器人向人类开战. 天津科技,1998(4).

口,不得不说的是,在向高级无人化社会迈进的时候,由于智能无人化系统大量取代的人的劳动包括智力劳动,社会所需的劳动人口数应该是急剧减少。但目前我们所看到的人口数却是不断增加。1999 年,世界人口已突破 60 亿大关;2011 年,世界人口则达到了 70 亿;根据联合国的人口预测,到 21 世纪末,世界人口将达 110 亿。我们知道,在历史上,由于疾病、战争、种族和信仰曾经发生过大屠杀。在迈向高级无人化社会的过程中,我以为也可能因技术原因发生屠杀人类的事情或者类似的事情。社会绝大部分的事情都由智能机器人完成,绝大多数人饱食终日,碌碌无为,过着猪一样的生活。这样的存在有意义吗?智能机器人会养这样的人类吗?人类在智能机器人面前会不会觉得自惭形秽,自绝于社会呢?我觉得在迈进高级无人化社会时,这些都有可能发生,人类的绝对数肯定会大大减少,但是以什么方式,是和平的不痛苦的方式还是血雨腥风的方式,我不想预测,因为我是悲观主义者。让我们为明天祈祷,为将来的人祈祷。

最后说一点,关于邪恶。我们知道,人类从动物进化而来,身上带着动物性、野蛮性和残忍性。对于人类身上的这种邪恶性,我们不知道基因技术是否能彻底地去改变这种残暴基因?如果能改变,那么,人类就成为了一个善的集体。在面对外来邪恶异族的时候,人类能否自保呢?会不会因此而灭族呢?如果不能改变,人类是否也会把邪恶性传递给智能生命体?如果不会,一些邪恶的人会不会借助于智能生命体对其他人采取暴力行为?如果会,那么,邪恶的智能生命体会不会依仗其超高的智能对人类作出暴行,进行围捕杀戮呢?或者一些邪恶的人和智能生命体联合起来,共同对另一些人和智能生命体施暴呢?或者把人类放逐于虚拟世界里,封闭于此,或作为一种玩偶,不让其回归现实?面对未来,许多东西不得而知,唯有祈祷。祈祷人的统治不是邪恶统治,祈祷智能生命体的统治不是邪恶统治。

参考文献

1. 安家媛,安家瑶. 世界古代前期科技史. 北京:中国国际广播出版社,1996.

2. 梁方仲. 中国历代户口、田地、田赋统计. 北京:中华书局,2008.

3. 刘方健,史继刚. 中国经济发展史简明教程. 成都:西南财经大学出版社,2001.

4. 施治生. 刘欣如. 古代王权与专制主义. 北京:中国社会科学出版社,1993.

5. 马克思,恩格斯. 马克思恩格斯全集(第23、46卷). 北京:人民出版社,1972.

6. 马克思,恩格斯. 马克思恩格斯选集(第1、2卷). 北京:人民出版社,1995.

7. 高德步,王珏. 世界经济通史. 北京:高等教育出版社,2005.

8. 阿尔弗雷·索维. 人口通论(上册). 北京:商务印书馆,1983.

9. 张维达. 政治经济学(第2版). 北京:高等教育出版社,2004.

10. 张绍焱. 政治经济学(资本主义部分). 北京:中国经济出版社,2004.

11. 应克复,金太军,胡传胜. 西方民主史. 北京:中国社会科学出版社,1997.

12. 田穗生,高秉雄,吴卫生,苏祖勤. 中外代议制度比较. 北京:商务印书馆,2000.

13. 徐同文,宋乐光. 现代科学技术教程. 北京:教育科学出版社,2007.

14. 计算机应用基础教程(2011 版). 上海:华东师范大学出版社,2011.

15. 石志国,王志良,丁大伟. 物联网技术与应用. 北京:清华大学出版社、北京交通大学出版社,2012.

16. 韩毅刚,王大鹏,李琪. 物联网概论. 北京:机械工业出版社,2012.

17. 李云江. 机器人概论. 北京:机械工业出版社,2011.

18. 张力. 现代科学技术概论. 北京:清华大学出版社,2008.

19. 濮小金,刘文,黄启元,屈本礼. 信息产业——e 世纪大厦之基. 北京:军事科学出版社,2003.

20. 丁溪. 知识经济. 哈尔滨:哈尔滨工业大学出版社,2006.

21. 赵常伟. 新科技革命与当代中国的科教兴国战略. 北京:中国社会科学出版社,2005.

22. 石定寰. 国家创新系统:现状与未来. 北京:经济管理出版社,1999.

23. 周绍森. 科技创新论. 北京:高等教育出版社,2002.

24. 米立根,刘立柱,李智诚,于宗光. 信息技术——现代社会的变形术. 北京:军事科学出版社,2003.

25. 张树生,杨茂奎,朱名铨. 虚拟制造技术. 西安:西北工业大学出版社,2006.

26. 周宏仁. 信息化概论. 北京:电子工业出版社,2009.

27. 覃征等. 电子商务概论(第 3 版). 北京:高等教育出版版

社,2012.

28. 张瑞彤. 电子商务(第 2 版). 北京:科学出版社,2009.

29. 原中虎. 电子政务. 北京:北京大学出版社,2011.

30. 吕晓阳、谭共志. 电子政务理论与应用. 北京:清华大学出版社,2010.

31. 阿尔温 · 托夫勒. 第三次浪潮. 北京:三联书店,1983.

32. 李斌. 网络政治学导论,北京:中国社会科学出版社,2006.

33. 王文峰. 第四次飞跃——机器人革命改变世界. 北京:华文出版社,2012.

34. 孔宪铎,王登峰. 基因与人性. 北京:北京大学出版社,2009.

后 记

2013 年 6 月,在完成《历史进化论》一书后,迎来了也许是浙江历史上最热的一个夏天。酷热的天气使我整天呆在家里,无所事事的日子很烦闷。于是,就开始了本书的写作。我原以为会到今年年底或明年年初完成本书的写作,没想到进展出奇地顺利。到 10 月初,完成了全书的写作。

本书和前几本关于社会历史的研究是一脉相承的,都是有关社会历史的研究。相对而言,前几本书侧重于过往历史的演绎,着力点还是在过去,虽然也有关于未来的论述;本书则主要立足于对未来社会的描述,着重描述当下以及未来将要发生的变化发展。

由于是对社会历史的研究,因而,这几本书的材料总有重合,甚至有些是引用了前一本书的一些论述和例子,这是我感到惭愧的。也由于本人学疏才浅,书中肯定有不少的谬误,真诚期待各位专家、学者和读者提宝贵意见。

章笑力

2013 年 10 月 28 日